平田彩子著

行政法の実施過程

―環境規制の動態と理論―

Enforcement Processes of Administrative Law:
Empirical and Economic Analysis
on the Dynamics of Environmental Regulation in Japan

木鐸社

本書を推薦します！

　本書は，平田彩子さんの修士論文を単行本として出版するものです。
　東京大学大学院法学政治学研究科に提出される修士論文の中で特に優れたものは『国家学会雑誌』や『法学協会雑誌』にダイジェスト化して発表されるのが通常ですが，平田彩子さんの修士論文は特に優れた論文の中でもさらに例外的なレヴェルでしたので，特例として単著として出版することになりました。本書を読んで，これだけの調査と理論的分析を，修士課程入学から論文提出までの実質1年半で完遂したことに驚愕しない読者はいないでしょう。
　著者の平田彩子さんは東京大学法学部を優秀な成績で卒業し，「卓越賞」という特別の表彰を受けました。卒業と同時に東京大学大学院法学政治学研究科修士課程に2007年4月に進学し，私を指導教授として法社会学や「法と経済学」の研究をされました。その研究の成果として2008年12月に提出された修士論文「環境規制法の執行過程：規制執行の相互作用性と規制法の機能」は，上記のように修士論文としての最高の評価を受けました。
　本書の直接の対象は，水質汚濁防止法の行政による規制過程の実証的かつ理論的な分析ですが，平田彩子さんが採用した実証的法社会学の方法と経済分析（ゲーム理論）による理論的分析の結合は，行政規制のどの分野についても応用可能であるのみならず，さらに広く日本社会の法化のダイナミクスの研究方法として多大の成果が期待されるものであると思います。事実，本書を読めば，実証と理論分析が見事なシナジー効果（相乗効果）を挙げていることを目の当たりにして，法学の分野における新しい時代の到来を感じる読者も少なくないでしょう。
　東京湾を取り囲む主要な7都市を全て回り，現場の担当者に面接調査を実施して，行政規制の実態に肉薄しています。また，環境省，警察庁，海上保安庁など関連の機関での面接調査も実施しています。これらの実態調査にどれだけの時間とガッツとが必要かは，実際に調査した者にしか理解できないものです。これだけ広範な調査を敢行したことで，水質汚濁防止法の規制実務の実効性と東京湾の水質とを関連付けることが可能となっています。
　理論の面では，社会科学の標準的な分析手法となってきているゲーム理論を用いてモデルを構築し分析しています。規制者と被規制者の間の相互作用のダイナミクスを分析する上で，ゲーム理論の利用は必須です。これまでは

「日本的」というような曖昧で，ともすると同語反復に過ぎないような説明がなされることもあった法現象は少なくありませんが，平田彩子さんの行政規制ダイナミクスの分析は厳密で明晰な理論分析となっています。

本書で平田彩子さんは，上記の面接調査等による実証的法社会学による地に足の着いた研究と，ゲーム理論等の鋭利な分析モデルとを非常に建設的に結合して，深い洞察を理論的実証的に展開しています。そしてさらには説得的な法政策的提言にまで筆を進めています。社会科学としての法学研究の模範を実演によって提示している点が，本書の最も推奨されるべき価値だと思います。

このような理論と実証の結合は，言うは易く行うは難いものの典型です。時間と費用と研究失敗のリスクを慮れば，1年半の修士課程での初めての研究として試みるには大きな勇気が必要です。それに果敢に挑戦して本書のように大成功を収めた平田彩子さんの勇気と挑戦に感動する読者も多いでしょう。

本書は，専門の研究者にとって必読文献であることは言うまでもありませんが，さらに法学部生，法科大学院生，公共政策大学院生はもとより，裁判官・弁護士・検察官，そして各方面の法政策立案の担当者などに広く読まれるべき研究だと思います。「事実と証拠に基づく法(evidence based law)」こそが21世紀の法化社会に求められているものです。日本の社会を少しでもより良くしたいとの希望を持っている読者は，その取り組む課題の何たるかを問わず，本書から何をどうすればよいかの啓示と洞察とを受けることができると私は確信しています。

本書が実践によって示した社会科学としての法学が，著者の平田彩子さんの今後のさらなる研究や，それらに刺戟されるであろう若手研究者の努力によって，これからますます発展してゆくことを祈念して，本書の推薦の言葉とさせていただきたいと思います。

2009年10月15日（亡き母の誕生日に）
東京大学大学院法学政治学研究科教授
太 田 勝 造

目 次

推薦の言葉 ──────────────────── 太田勝造 3

序章 ──────────────────────────── 9
 0.1 問題提起と本書の目的 ─────────────── 9
 0.2 問題へのアプローチ ──────────────── 12
 0.3 用語について ────────────────── 13

第1章 水質汚濁防止法の執行実態 ─────────── 15
 1.1 水質汚濁防止法の概要 ────────────── 15
  1.1.1 水質汚濁防止法を取り上げる理由　15
  1.1.2 水質汚濁防止法の概要　17
  1.1.3 近年の水質汚濁防止法の施行状況　20
 1.2 行政による規制執行とその特徴 ─────────── 23
  1.2.1 調査対象と調査方法　23
  1.2.2 執行の実態　24
  1.2.3 行政による執行過程の特徴　52
 1.3 司法警察機関による規制執行とその特徴 ──────── 59
  1.3.1 司法警察機関による,水質汚濁防止法の近年の施行状況　59
  1.3.2 警察による水質汚濁防止法執行　60
  1.3.3 海上保安庁による水質汚濁防止法執行　63
 1.4 行政機関と司法警察機関の連携の有無 ───────── 65
 1.5 本章のまとめ ────────────────── 66

第2章 環境規制法執行過程のゲーム・モデル ─────── 69
 2.1 ゲーム理論による分析が有用な理由及び分析の仮定 ──── 69
  2.1.1 ゲーム理論を用いる理由　69
  2.1.2 分析の仮定　71
 2.2 行政と被規制者の2者間のゲーム ──────────── 74
  2.2.1 規制執行に対するスタイルの選択──同時手番ゲーム　74
  2.2.2 サンクションの存在──逐次手番ゲーム　115
 2.3 市民が執行過程に加わった場合 ───────────── 131
  2.3.1 市民参加のゲーム　131
  2.3.2 規制執行への市民参加と,社会的に最適な規制法執行との関係　138
 2.4 本章のまとめ ────────────────── 141

第3章　規制法が与える被規制者へのインパクト ── 143
──規制法の機能と，行政活動の介在
3.1　導入 ─────────────────────────── 143
3.2　法が被規制者の行動に及ぼす影響 ──────────── 144
 3.2.1　法の抑止機能　　　147
 3.2.2　法の表出機能　　　167
 3.2.3　意味の変化を通じた影響　　　177
 3.2.4　小括　　　179
3.3　行政活動の介在によって法の機能はどう影響を受け得るか ── 181
 3.3.1　表出機能と規制対象行為の意味の変化の場合　　　182
 3.3.2　抑止機能の場合　　　183
3.4　本章のまとめ ───────────────────── 195

第4章　結　語 ──────────────── 197

引用文献 ───────────────────────── 210
あとがき ───────────────────────── 219
Abstract ───────────────────────── 221
索　引 ────────────────────────── 222

行政法の実施過程

―環境規制の動態と理論―

序章

0.1 問題提起と本書の目的

　本書が扱うのは、規制法の実施・執行の過程、換言すれば、法の実現の過程である。規制法は、制定・施行されたのち、行政機関によって、どのように執行されているのか。規制法とその執行活動に対し、被規制者はどのような反応をするのか。これらの結果、規制法執行はどのような現実状態に至るのか。これらが本書の基本的関心である。

　法律・条例は制定され、実施される。そしてこの実施過程において、法は自らの政策目的を実現するため実際に運用され、広く社会に影響力を持つこととなる。このように、政策目的実現の使命を担う規制法にとって、実施・執行過程は、法の実現の舞台であり、重要かつ中心的な過程である。法の執行過程については、いったん法が制定されれば後はその規定通りに自動的に実施され、政策目標が実現できると当然視されているのかもしれない。しかし、現実には法が制定されても必ずしもその目的を実現できるとは限らず、また現場の行政官には一定の裁量が与えられており、実際の規制法執行は、決して単純な過程ではない。

　プレスマンとヴィルダフスキー (1973) や、バーダックとケイガン (2006; 初版は1982) 等嚆矢的研究をはじめとして[1]、アメリカ、イギリス、オーストラリア等では、行政の日常的活動にあたるこの規制法執行過程について、理論的・実証的研究が行われている。これら一群の研究によって、規制執行

---

[1] それ以前は、法（政策）の執行過程は研究対象として意識されていなかった。アリソンは、1971年にその著書において、選好された政策手法とその行動実施の通路、すなわち執行過程を、「欠落した章」と呼んでいる（アリソン 1977: 310-313）。

過程は決して単純で機械的なプロセスではなく,むしろ利害関係のある行政や被規制者,他の諸個人・諸団体の相互作用を通じて展開される,ダイナミックなプロセスであることが示されている。我が国においては,規制法は成立したのちどのように実施されているかという問いは,法社会学をはじめ,行政学,行政法学においても主要な研究分野としていまだ確立してはいない。とはいえ,研究の必要性は以前から指摘されてきたし(例えば宮澤 1992; 1994 など),数は少ないものの先行研究も存在する(代表的なものとして,北村 1997)[2]。北村(1997)によれば,規制者である行政は,企業など被規制者が規制違反をした場合,法で予定されている行政処分や刑事罰をもって違反に対応するのではなく,行政指導というインフォーマルな手段で対応しているという。

*

本書が取り上げる規制法は,社会的規制,特に環境規制法である。現代行政にとって,そして将来的にも,環境保護政策は重要な政策分野であることに疑いの余地はない。環境法における規制では,「コマンド・アンド・コントロール手法(command and control approach)」と呼ばれる従来の規制的手法(被規制者に一律に排水基準を設定し基準の遵守を強制する)が一般的である。近年では排出権取引などの経済的手法が脚光を浴びているが,このコマンド・アンド・コントロール手法が今後とも環境規制の基本型であり中心的な手法であることには変わりない。同時に,最も基本的な規制手法の執行過程を分析することは,その他の手法の執行についても,一定の示唆を与えることができると思われる。

また,平成 11 年の地方分権一括整備法・地方自治法改正に伴い,従来機関委任事務とされていた事務の多くが,地方自治体の自治事務に変更となった。これはつまり,自治体が独自に判断し,責任をもって事務を遂行する枠組みになったということである。環境規制法の執行も例外ではなく,環境規制法の執行の多くは,現在,自治事務である。自治体自らが,規制法を解釈,判断し,責任を持って執行することが求められている現場自治体において,執

---

[2] 他に,阿部 (2002),青木 (1998) など。

行活動は従来よりも自覚的に捉えられるべきものとなり，執行活動の占める重要性は増加したといえるであろう。執行過程を統一的に理解することは，上記の点にも資する。

　本書の目的は，環境規制法の執行過程について，「法と経済学」の観点から，一般的・理論的な理解のための枠組みを提供することである。存在する先行研究は，主にインタヴューに基づいており，理論構築というよりは実態の把握に重点が置かれていた。もちろん，実態の把握は非常に重要であり，そもそも我が国において規制執行研究は発展途上にあるため，まずは実態把握が先決であることは言うまでもない。本書も，まず実態把握に努め，その上で実態把握から導くことのできる一定の特徴を出発点として，規制法執行過程を一般的に，理論的に理解することを，課題としている。

　また，先行研究においては，規制者たる行政の行動が中心に扱われてきた。しかし，規制執行過程を形成するもう一方の極，すなわち被規制者は，規制執行についてどのような認識をしているのか，これについての知見も規制執行の理解には必須である。よって，規制法は被規制者にどのような影響を与えているのか，という観点から，被規制者側に関して検討を加えることも，目的の一つである。

　法過程・法システムに対し社会科学的分析を行い，その理解を深めることが法社会学の役割であるとするならば，数の上で法律の大多数を占め，また現代社会においてソーシャル・コントロールの手段として重要な役割を担っている，行政法と行政活動，またそれらに伴う名宛人や第三者の反応等も，当然に法社会学の分析対象となる。しかし，行政過程，特に規制執行過程については，法社会学のみならず，行政法学や行政学的にも，一種の学問上の「エア・ポケット」になっており（北村 1997: i），例外はあるものの，研究はいまだ少ない状態にある。したがって，本書は，環境規制法執行という領域で，「法と経済学」の観点から，規制執行過程を統一的に理解するための枠組みを提供することを目指している。

0.2 問題へのアプローチ

本書は，分析の方法論として「法と経済学」を用いている。規制法の執行過程では，規制法が被規制者の行動に与える影響，及び規制者たる行政と被規制者たる企業の相互作用性が，その中核である。規制法の機能と，行政・被規制者間の相互作用性を直接把握するための分析道具は，伝統的な実定法学には十分に備わっていないため，必然的に経済学や心理学など隣接社会科学の方法論が必要となる。したがって，本書は「法と経済学」という観点から，規制法執行過程を分析した。「法と経済学」のうちのゲーム理論は，相互作用状況での意思決定や行動基準の本質部分を解明することを目的としている。よって，ゲーム理論は，複雑な法執行過程での両者の相互作用とその本質部分をとらえ，一般的なモデルや理論を構築しようとする分析には欠かせない手法である。また，「法と経済学」は法的道具主義に根差しており，法の機能の点から，規制法が被規制者に及ぼす影響を考える際に適していること，さらに，海外での規制法執行研究では，「法と経済学」からの視点が規制執行分析のベースになっていることも，本書が「法と経済学」を採用する理由である。

規制法の実際の執行活動を行っているのは，行政組織の末端に配置され，被規制者対象集団と直接に相対している自治体の第一線職員である。よって，本書で取り上げる執行の舞台は，現場自治体職員と，被規制者たる企業が相対する，規制執行の最前線である。多くの環境規制法において，実際の執行は，地方自治体（都道府県と規制法で定められた政令市）が行う。本書で取り上げる水質汚濁防止法も同様である。

本書の構成は以下の通りである。まず，第1章で水質汚濁防止法の執行について，インタヴューを中心に実態の把握を行う。水質汚濁防止法の概要を見た後，自治体，警察，海上保安庁に実施したインタヴューと先行研究を基に，執行活動の特徴を抽出する。続く第2章，第3章では，第1章で見られ

た執行活動の特徴を踏まえ，規制法執行過程のモデル化を試みる。第2章では，規制者と被規制者の相互作用を，ゲーム理論を用いて検討する。第3章では，規制法が被規制者に及ぼす影響という観点から，規制法が被規制者の行動をどのように変化させうるのか，「法と経済学」の観点から分析する。結語の第4章では、インタヴュー調査と理論分析のまとめを行うとともに、規制遵守を上昇させるためのささやかな法政策的提言も、提示することにしたい。

0.3 用語について

「執行」という言葉が何を指すのかについては様々な考え方があるだろうが[3]，本書は，執行過程を，規制違反を発見し，それに対処するプロセス，という意味で用いる（北村 1997）。すなわち，立入検査活動に代表される違反防止・違反発見活動と，違反処理活動（違反に対しどのような対応を採るか）を，規制執行と呼ぶことにする[4]。

また，「行政指導」についても整理が必要である。行政指導とは，簡単にいえば，行政が望ましいと考える行為を要請することであり，法的拘束力はなく，相手方の協力は任意である，とまとめることができる[5]。しかし，行政指導という名の下に行われている具体的活動は実に様々である[6]。行政指導といえば，自治体の土地利用計画に関する指導要綱に基づく行政指導や，住金事

---

[3] 例えば Lane（2000）。
[4] 「執行」の他にも，同様の概念を指す言葉として，「実施」，「エンフォースメント」がある。
[5] 行政指導は，「行政機関がその任務又は所轄事務の範囲内において一定の行政目的を実現するため特定の者に一定の作為又は不作為を求める指導，勧告，助言その他の行為であって処分に該当しないものをいう」，と定義されている（行政手続法2条6号）。なお，名称はどうあれ，行政指導に対応する活動は他の国にもあり，日本固有の現象ではない（中川 2000）。
[6] 山内（1984）は，行政指導と呼ばれる事実行為について，実態に照らした類型化を行っている。

件に代表されるような行政指導が想起されるかもしれない[7]。しかし，本書で登場する行政指導とは，法律上命令権限が与えられているが，その行使を回避し，命令発動に代わる代替的対応として，法律上規定のない行政指導を行うというタイプのものである[8]。このような，法令違反の際，その適切な履行確保の代替的一手段として用いられる行政指導は，自治体の行う行政指導の多くを占める（江原 2008）。違反に対しどの程度の対応をするかという，執行裁量権行使の結果としての行政指導が，規制執行過程における行政指導である。

なお，法には，法律のみならず，条例も含めている。また，「行政」という際，執行活動を実際に行っている地方自治体を念頭においている（1.1.3 に再述）。

---

[7] 例えば，Ramseyer and Nakazato（1999）。
[8] 特に，排水基準違反に対し，文書で違反改善を求める行政指導を，本書では中心的に扱っている。詳しくは第 1 章を参照。

第1章　水質汚濁防止法の執行実態

1.1　水質汚濁防止法の概要

1.1.1　水質汚濁防止法を取り上げる理由

　本書では環境規制法の具体例として，水質汚濁防止法（昭和四十五年十二月二十五日法律第百三十八号。以下水濁法と略する）の規制執行過程を取り上げる。水濁法を取り上げた理由として，以下の二点がある。

　第一に，水濁法の規制手法は，環境規制手法の極めて典型的かつ基本的な仕組みであり，そこでの議論には汎用性が認められるからである。水濁法の規制手法は，排水基準を定め基準の遵守を排出者に求め，その遵守を強制するという，シンプルで一般的な規制である。この規制手法はコマンド・アンド・コントロール手法（command and control approach）と呼ばれている。一般的に，コマンド・アンド・コントロール型政策手法とは，社会的に望ましいと考えられる行動を実現するために，まずそのような行動を法律的に義務づけ，違反に対してはサンクションの行使を予定しているという手法である。環境規制法の場合，コマンド・アンド・コントロール手法は，排水基準に適合しているかどうかという形で現れる。昨今ではコマンド・アンド・コントロール手法以外の環境政策手法が注目を浴びているが[9]，あらゆる環境汚染に対し経済的手法など他の環境政策手法が有効または使用可能という訳でもな

---

[9] 排出権取引に代表される経済的手法が近年大きな注目を浴びている。他にも協定や環境マネジメント・環境監査（代表的なものは ISO14000 シリーズ）が注目を浴びている。コマンド・アンド・コントロール方式という規制的手法のみならず，それらの手法も利用していくことが重要であるが，規制的手法が依然として必要であることは変わらないだろう。なお，環境法において，コマンド・アンド・コントロール手法以外の政策手法については，大塚（2006）を参照。

く，コマンド・アンド・コントロール方式は，依然として規制手法の基本的，中心的手法であり，今後とも重要な役割を果たしていくことが予想される(大塚 2006)。水濁法の他にも，廃棄物の処理及び清掃に関する法律（以下廃掃法と略する）や大気汚染防止法など，汚染物質排出の防止と削減に関する主な環境規制法はコマンド・アンド・コントロール方式を通じた規制を行っている。したがって，基本的な規制手法である，コマンド・アンド・コントロール手法を採用している規制法執行を分析対象とすることにより，規制執行を見る際の，基本的視座を獲得することが可能であると考える。(なお，国民に対し，何らかの行為を法により求めるもしくは禁止する場合，一般的に，このコマンド・アンド・コントロール型の政策手法が用いられることが極めて多い。例えば，廃掃法違反（不法投棄等）や，鳥獣保護法（違法捕獲等），漁業調整規則（密漁等）など，さらに環境法以外でも，食品衛生法（表示の基準違反等），自動車のスピード違反など，コマンド・アンド・コントロール型の政策手法を採用しているものは，枚挙にいとまがない。)

　第二に，実際に事件が生じたことも挙げられる。2004~2005 年にかけ，千葉県において，JFE スチール東日本製鉄所千葉工場をはじめとする工場で，違法排水・データ改ざんが長年にわたって行われていたことが明るみに出た。この事件は，2004 年 12 月に JFE スチールが千葉海上保安部の捜査を受け，高アルカリ水を漏出していたことが判明したことを発端とし，その後，排水基準を超えた排出水が排出されていたこと，また数年にわたり自主測定データの一部を改ざんして行政に報告していたことが明るみに出た，というものである[10]。公害規制法整備や企業のモラル向上，環境意識の高まりにより，事故を除けば違反はなくなったと思われているかもしれないが，この事件が示すように，依然として企業には基準違反のインセンティヴが常に存在している。このように，水濁法は典型的な公害対策規制法であり施行されて 40 年弱経っているが，いまだに看過すべきでない分野でもある[11]。この点から

---

[10] 千葉市における違法排水事案については，早水 (2006)，志々目 (2007) を参照した。
[11] 環境省は，平成 19 年に「効果的な公害防止取組促進方策検討会」を設置した。これは，一部の事業者による排水基準超過や測定データ改ざんなど，不適正な公害防止

も，基本的な規制手法であるコマンド・アンド・コントロール手法がどのように実施され，そして被規制者は規制にどのように反応し，その結果どのような社会状態が生じるのか，を知るのは重要なことだと思われる。

1.1.2 水質汚濁防止法の概要

　ここで水濁法の概要を紹介しておく。水濁法は，1970年のいわゆる公害国会において，旧水質二法（公共用水域の水質の保全に関する法律（水質保全法），工場排水等の規制に関する法律（工場排水規制法））に代わって制定された法律である。直罰規定の採用，指定水域制度を廃止し全国の公共用水域に一律の排水基準を適用すること，などが主な変更点である（環境庁水質保全局水質管理課・水質規制課 2000）[12]。

　水濁法の目的は，「この法律は，工場及び事業所から公共用水域に排出される水の排出…を規制する…こと等によって…公共用水域…の水質の汚濁の防止を図り，もって国民の健康を保護する」ことと定められている（1条）。

　規制対象は，政令で定める「特定施設」（法2条2項，施行令1条，別表1）を持つ工場や事業所（「特定事業場」と呼ばれる）である。水濁法は届出制をとり，公共用水域（2条1項）に水を排出する者が特定施設を設置する場合は，事前に届出が必要とされる（5条）。「特定事業場」である被規制者は，排水基準に適合しない排水を排出してはならない（12条1項）。遵守確保の

業務により問題が発生したことを踏まえ，事業者による公害防止法令の遵守が確実に実施されるための方策を検討するものである。
　なお，アメリカ合衆国において，近年，水質汚染防止法（Clean Water Act）の違反が増加しているという（Clean Water Laws Neglected, at a Cost, *The NewYorkTimes*, September 13, 2009 Sunday, Section A; Column 0）。

[12] 中でも，直罰制度の導入は特に大きな変更点であるとされる。工業排水規制法の下では，水質基準（現在の排水基準に当たる）に違反した場合には，まず改善命令を発動し，この改善命令に違反したときにはじめて罰則が適用されることになっていた（ワンクッション・システム）。しかし，違反対応が後追いになるという批判を受け，水濁法において，排水基準に違反したときは直ちに罰則が適用されること，すなわち，直罰制度が導入された。この規定により，自治体のみならず，警察や海上保安庁といった司法警察組織も水濁法執行に直接携わることとなる。

ための手段として，罰則と，一時停止命令，改善命令といった行政命令とが法定されている。

　排水基準違反には罰則が科され（31条1項。いわゆる直罰），故意犯か過失犯かで科刑上差が設けられている（31条2項。故意犯の場合は6月以下の懲役又は50万円以下の罰金，過失犯の場合は3月以下の禁固又は30万円以下の罰金）。自由刑も規定されてはいるが，実際には罰金刑がもっぱら適用されている。

　都道府県知事と政令市の市長（28条1項，施行令10条）は，「排出水を排出する者が，その汚染状態が当該特定事業場の排水口において排水基準に適合しない排出水を排出するおそれがあると認めるときは，その者に対し，期限を定めて特定施設の構造若しくは使用の方法若しくは汚水等の処理の方法の改善を命じ，又は特定施設の使用若しくは排出水の排出の一時停止を命ずることができる」（13条）。行政命令は行政処分であり，命令に従うことが法的に義務付けられる。命令に違反した場合は直罰よりも重い罰則が規定されている（1年以下の懲役又は100万円以下の罰金（30条））。行政命令は排水基準違反のおそれのある抽象的危険の段階で出すことができるが，違反が発生した場合にも発することができる。環境庁（当時）が監修した解説書には，「現実には，一度排水基準違反の事実が生じて，さらに，明日以降も排水基準違反の状態が続く可能性が強いという場合に，本条が適用されるケースが多いであろう」とされている（水質法令研究会 1996: 268）。法律に定められている，規制の流れを【図1.1】に表す。

【図1.1】法律に定められている規制の流れ

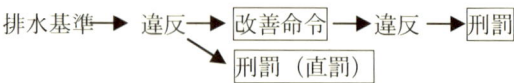

　規制基準違反に対して，行政指導ができる旨は法律には明示的に規定されていない。しかし，このことは，水濁法執行において，行政指導ができない

ことを積極的に定めているという趣旨ではない（畠山他 2007）。13条の「…命ずることができる。」という文言に見られるように，行政命令を発動するかどうか，行政指導を行うかどうかは，行政の裁量に委ねられている。後述するように，実際の水濁法執行においては，行政は，排水基準違反に対し，改善命令などの行政命令を行わず，文書による行政指導で対応することが極めて多い。

　排水基準は濃度規制が基本である[13]。規制対象項目は健康項目と生活環境項目に分けられる。健康項目は人の健康に係る被害を生ずるおそれがある物質として定められ，カドミウムやシアン化合物，六価クロムなど，現在26種類の有害物質が含まれている。

　生活環境項目には，水素イオン濃度（pH），生物化学的酸素要求量（BOD），化学的酸素要求量（COD），浮遊物質量（SS）など，12種類が含まれている。なお，健康項目についてはすべての被規制者に対し適用されるが，生活環境項目については，1日の平均排水量が50m^{3}未満の工場・事業場は規制対象とされていない（「裾切り」と呼ばれる。排水基準を定める省令別表2備考2）。また，自治体は，国の基準より厳しい排水基準（上乗せ基準）を条例により設けることができる（3条3項）。条例により，規制対象項目や規制対象事業場の種類を増加させることも認められる（横出し条例）。

　なお，水濁法に違反し被規制者たる法人が有罪判決を受けた場合，これは廃掃法の一般廃棄物収集運搬業，一般廃棄物処分業，産業廃棄物収集運搬業，産業廃棄物処分業の許可要件中の欠格要件にあたる（廃掃法7条5項4号ハ，7条10項4号，14条5項2号イ，14条10項2号，施行令4条の6）。また事

---

[13] 濃度規制のほか，排出水が大量に流入し，濃度規制では足りないとみなされた広域的閉鎖性水域（東京湾，伊勢湾）では，総量規制も導入されている（水濁法4条の2。瀬戸内海は瀬戸内海環境保全特別措置法により総量規制対象の水域となっている）。総量規制とは，その地域の汚染物の総量を決定し，これに基づいて総量削減計画を定め，地域内の個々の事業者に排出許容量の枠を割り当てる方式である。水濁法では現在，化学的酸素要求量（COD），窒素，りんの含有量について総量規制が導入されている。総量規制の対象となるのは，指定地域内の日平均排水量が50m^{3}以上の工場・事業者である。濃度規制，総量規制とも，一定の基準を定め，遵守状況を監督し，違反に対して罰則等を設けているという点で共通している。

業許可の取消事項にも該当している（廃掃法7条の4第1項1号，14条の3の2第1項1号）。つまり，水濁法に違反し，企業が有罪判決を受けると，当該企業が廃掃法の廃棄物収集運搬・処理業の許可を得ている場合，その許可は取り消され，また今後5年間許可されないという仕組みになっている。廃掃法の許可を得ていない企業には関係のないことだが，企業によっては，水濁法の規制対象になっていると同時に廃棄物収集運搬・処理業も行っていることがある（特に大企業は多い）。そのような企業にとっては，水濁法の違反及び罰則にあたり廃掃法の許可が取消されると，会社の経営がなりたたない危険性がある。上記の仕組みは，水濁法執行の実務では重要視されている。

1.1.3　近年の水質汚濁防止法の施行状況

ここで，近年の水濁法の執行状況を見てみよう。水濁法の執行には，実際に執行を行う地方自治体（以下では単に「行政」と呼ぶことにする[14]）と，警察，海上保安庁が携わっている。

行政の行った執行過程について，立入検査数，行政措置数を整理すると，以下の表のようになる（警察と海上保安庁の水濁法執行状況については後述）。

【表1.1】行政による水濁法施行状況（全国）

		立入検査	一時停止命令	改善命令	行政指導（文書）
平成19年度	都道府県	33218	1	19	1946
	政令市	14192	0	8	1022
	計	47410	1	27	2968

環境省水・大気環境局水環境課『平成19年度水質汚濁防止法等の施行状況』より。

【表1.1】は，全国都道府県と，水濁法施行令に定められた101の政令市の，執行データを集計したものである。水濁法排水基準違反に対し，行政は，行

---

[14] 以下で「行政」という用語は，地方自治体を指し，警察や海上保安庁は含まないものとする。執行現場の第一線を想定しているため，環境省は直接的には登場しない。

政命令たる一時停止命令と改善命令，文書による行政指導のうち，いずれかを行う。一時停止命令，改善命令の件数は，文書による行政指導と比べて極めて少数であることが，表から見て取れる。行政命令と行政指導を合わせた行政措置数における，行政命令の占める割合は，都道府県の場合約1.0%，政令市の場合約0.8%，全国では約0.9%となっている。

　また，筆者がインタヴュー調査を行った自治体については，【表1.2】に同様の統計をまとめている。これに関しては基準違反数についても知ることができた[15]。

　立入採水検査数のうち，排水基準違反数は約1割弱を占めていることがわかる。そして，その基準違反のほぼすべてに対し，行政指導で対応されていることも分かる[16]。

　後述するように，排水基準違反は行政の定期的な立入検査（抜き打ち調査）により判明する。潜在的違反数は不明であるが，統計資料によれば，全体的には，遵守率は9割前後であり，この点でほとんどの被規制者は水濁法を守っていると解することができる。そして，1割前後の排水基準違反に対し，行政は，文書による行政指導によって違反に対応していることがわかる。

　基準違反数と，行政措置の件数が一致していない場合もある。これは，①同じ事業者での複数の違反に対し一回の行政措置が取られた場合，②違反に対し口頭による行政指導が行われた場合，があるためである。

---

[15] 【表1.2】に載せている基準違反数は，水濁法に定められている排水基準違反のみでなく，各自治体が制定している「水質汚濁防止法に基づく排水基準を定める条例」といった名称の条例で定められた排水基準違反数も含められている。この点，【表1.1】の数値と整合的ではなくなる。しかし本書では，規制法違反と行政の違反対応に注目しているため，排水基準違反が水濁法自体のものか，水濁法に基づく条例によるものかは，特に問題としない。また，自治体及び司法警察機関へのインタヴュー調査では，基準違反が，水濁法による排水基準違反か，条例による排水基準違反かによって，対応を変えることはないという。
[16] 平成16年度の千葉市の一時停止命令3件，改善命令4件は，先述のとおり，一連の違法排水・データ改ざんの事件によるものである。

【表1.2】行政による水濁法施行状況（インタヴュー調査対象自治体）

		検査件数*	基準違反数	一時停止命令	改善命令	行政指導（文書）
平成19年度	千葉市	112	12	0	0	11
	市川市	114	14	0	0	14
	船橋市	114	11	0	0	11
	市原市	142	11	0	1	10
	横浜市	715	28	0	0	28
	川崎市	226	29	0	0	29
	横須賀市	40	0	0	0	1
平成18年度	千葉市	110	15	0	0	14
	市川市	93	14	0	0	14
	船橋市	154	15	0	0	15
	市原市	148	8	0	2	6
	横浜市	700	39	0	0	39
	川崎市	215	24	0	0	24
	横須賀市	40	1	0	0	1
平成17年度	千葉市	92	16	0	0	15
	市川市	124	21	0	0	21
	船橋市	116	13	0	0	13
	市原市	153	15	0	1	14
	横浜市	745	50	0	0	50
	川崎市	231	25	0	0	23
	横須賀市	41	1	0	0	1
平成16年度	千葉市	79	14	3	4	17
	市川市	101	12	0	0	12
	船橋市	177	10	0	0	10
	市原市	143	16	0	1	15
	横浜市	770	31	0	0	31
	川崎市	237	25	0	0	24
	横須賀市	44	2	0	0	2
平成15年度	千葉市	79	11	0	0	11
	市川市	161	25	0	0	25
	船橋市	233	24	0	1	23
	市原市	138	12	0	0	12
	横浜市	856	44	0	0	44
	川崎市	233	19	0	0	19
	横須賀市	46	0	0	0	0

『水質汚濁防止法等の施行状況』、『千葉市環境白書』、『市川市環境白書』、『船橋の環境』、市原市資料、『横浜環境白書』、『川崎市水質年報』、『よこすかの環境』より。

＊　延べ立入採水検査件数。但し、横浜市のみ、延べ立入検査件数の数値である。

1.2 行政による規制執行とその特徴

1.2.1 調査対象と調査方法

本節では,筆者が実施したインタヴュー調査と,先行研究[17]をもとに,自治体が行っている水濁法執行[18]の過程,及びその特徴について見てゆく。調査対象の自治体は,千葉市,市川市,船橋市,市原市,横浜市,川崎市,横須賀市,である。また,千葉県と,水濁法を所管している環境省にも聴き取りを行った。以下1.2の記述は,7政令市に対する,インタヴュー調査の結果を中心に,まとめたものである。

調査対象自治体選定の際には,海上保安庁との関係についてもカヴァーできるよう,東京湾に面している自治体であることと,自治体の規模ができるだけ同じになるように配慮した。よって,東京湾総量規制対象地域にあり,かつ,海に面している政令市(水濁法施行令で定められた政令市)の,すべてを,調査対象としている[19]。

調査方法としては,半構造化面接(個別面接または複数面接)を用いた[20]。調査に対応していただいた方は,被規制者と直接に接する現場第一線の職員

---

[17] 水濁法執行過程の実態に関する主な先行研究としては,六本(1991),北村(1997)がある。
[18] 先に述べたとおり,以前は改善命令等規制の実施や立入検査等の事務は機関委任事務とされていたが,現在では自治事務となっている。
[19] このように,東京湾の総量規制対象地域にあり,かつ,市域が海に面している水濁法政令市のすべてを,調査対象としたが,水濁法を執行している自治体は全都道府県,全水濁法政令市であるため,この点で,得られた情報は限定的なものにすぎない。しかし,おおよその,各自治体に共通する執行過程の輪郭は把握できると思われる。
　なお,六本(1991),北村(1997)とも,調査対象自治体は全国を網羅しているわけではないため,その点調査の限界について記述がされている(六本(1991)は4つの特別区,都,1つの市,警視庁,水道局。北村(1997)は14自治体,9県警本部。本書は8地方自治体,環境省,警察庁,1県警察,海上保安庁,1海上保安部)。また,先行研究はともに約15年以上前になされたものであることから,実際の違反数や行政命令数については変化がみられるし,警察との関係など,筆者が知りえた情報とは異なるものもあった。とはいえ,後述するように,執行の基本的な特徴については,変わっていなかった。注98も参照。
[20] 筆者が市役所等へ出向き,事前に送付していた質問項目に沿いつつ,1時間半から2時間かけて聴取した。

の方々である[21]。調査は，2008〜2009年にかけて行われた。

1.2.2 執行の実態

(1) 水濁法執行の担当部署と，広い執行裁量

調査対象とした自治体では，水濁法執行の担当者（課の中の水質担当，という組織体系になっていることが多い）は，5~8名である[22]。必要があれば他の部署から応援を呼ぶ，と答えた自治体もあった。水濁法執行の担当者数は，自治体の規模や被規制者数により異なるが，決して人数が多いという訳ではない。水濁法執行の業務には，主に事業者への立入検査や排水基準違反への対応，届出受理，環境省や県からのアンケート回答などがある。また，規制執行関連の業務以外にも，河川と海域の常時監視も含まれている（15条）[23]。しかし，この常時監視業務は，民間委託されていることが多い。

水濁法の規制執行については，先に述べたように，自治事務ということもあり，地方自治体に広い執行裁量が与えられている。とはいえ，これは，機関委任事務であった当時も同様の状況であったため（北村 1997: 35），自治事務という点のみに起因するものでもないと思われる。環境省は，具体的な規制執行を各自治体に任せている。特に，どのような状況の際に，行政命令等を行うのかといった点についての通達は出してはいない。行政命令を規定している13条の，違反の「おそれ」の判断については，自治体に任せている

---

[21] 市原市を除くすべての市では，水濁法執行の第一線で働いているのは，技術職採用の職員であった。技術職の場合，一般的に，事務職と比べて相対的に異動が頻繁ではなく，また将来再び同じ部署に配属される可能性が高い。

[22] 自治体の規模によっては，水濁法担当部署が，同時に別の規制法を担当していることが多かった。例えば，横須賀市では，水濁法担当者は，水質騒音担当に属しており，扱っている法律は水濁法以外にも，騒音規制法，振動規制法，土壌汚染対策法など，複数の規制法を同時に扱っている。市川市，船橋市，市原市でも，同様に，水濁法担当部署は水濁法以外の規制法を同時に扱っている。水質関係と地質関係を同時に一つの部署が扱っていることが多い。

[23] 常時監視業務では，測定計画に基づき，河川と海域の複数個所を指定して，定期的に水質の測定を行う（16条）。

という。このように，各自治体には，規制執行について，幅広い裁量がある。

(2) 立入検査——違反発見の端緒

排水基準違反が発見されるのは，行政による立入検査による採水を通じてである[24]。警察や海上保安庁とは異なり，行政には水濁法執行に必要な範囲で，規制対象の事業場に立ち入る権限が与えられている（22条1項）[25]。よって行政は，年に1,2回の頻度で，採水目的の立入検査を定期的に行っている。原則は年1回の立入だが，排水量の多い被規制者や，過去に違反歴がある被規制者などに対しては，年2回行う，という運用をしている自治体もある[26]。行政は，排水口から排出されている排水を採水し，その検体を分析し排水基準を超えていないかを確認する。検体の分析は，市の分析機関が行うところもあれば，民間委託をしている自治体もあった。いずれの市においても，採水目的の立入検査は，1日に約5,6社訪問するというペースで行われている。一つの工場・事業所に費やす時間は，その工場などの規模や，敷地内にある排水口の数によって異なる。小さい事務所で排水口も1つしかない場合は20分程度で終わるが，工場の敷地が広大で，敷地内の排水口の数も多い場合は半日程度かかるという。

立入検査は基本的に職員2名で行われる。大気汚染防止法など他法令担当職員と合同で検査をする場合などでは2名以上となるが，通常は2名で行われている。これは，多くの人数で立ち入ると被規制者に迷惑である点，行政職員1人のみでの立入は避けるべきである点，行政の人的資源の制約，また，多くの人数で立ち入ると被規制者が構えてしまうため，被規制者を威圧しないように配慮している点[27]，などの考慮による。

---

[24] 他に，警察や海上保安庁による違反の発見があるが，これについては1.3を参照。
[25] 正当な理由なく，立入検査を拒み，妨げ，または忌避した場合には33条4号により，罰則が科せられる。
[26] ある自治体職員はいう。「原則1年に1回です。」しかし，「排水量が多い事業所や，過去に違反歴があるとか，長年やってきて気の抜けないところには，年2回立入検査を行います。」
[27] この点は，違反発見後の立入検査について特に当てはまる。ある自治体職員は次の

何年にもわたり[28]，定期的に立入検査を行っているため，行政は被規制者の現場担当者と顔なじみになっている。立入検査の際は，行政は採水を行うのみならず，被規制者の現場担当者と「立ち話」，「雑談」をする。
　この「立ち話」や「雑談」では，様々なことが話題にのぼる。自治体によって多少異なるが，例えば，特定施設や排水処理施設の具合はどうか，今までで何か変わりはないか，といったことや，新しく設置した特定施設の調子はどうか，今後新しく特定施設を設置する予定はあるかどうかなど，特定施設や排水処理施設の調子を尋ねることは一般的である。また，敷地内で色が付いている水が流れていたり，ぬめりを見た，などの場合には，その原因を聞き，その場で担当者が答えられないときには，後日原因を報告するように求めているという。
　現在の被規制者の操業具合や，仕事の忙しさ，最近は何を製造しているのか，通常の操業状態と何か変わったことはあるか，などについても話題にのぼる。現在被規制者が何を製造しているのかや，被規制者の操業状態は，排水の量や質，そして排水基準違反の有無にも多分に関わる点であるため，重要である。後に違反が発見された場合に，違反原因を探る一つの手がかりともなるのである。ある自治体職員は話す。「仕事の具合ね，景気のよしあしや，主にどんなものを作っているのか，ということは，採水しながら，立ち話程度に，ちらちら聞くんですよ。最近忙しくて3交代でやっているんですよ，と答えたら，それは水量が多くなっているんですよ。反対に，最近景気が悪くて5時で仕事は上がっていますよ，と答えたら，排水量はあまりないけれども，管理もあまりされていない可能性がある。そういうことは，立ち話でしますよ。」詳しくは後述するが，規制対象になった当初は，被規制者は警戒

――――――――――――――――――――
ように話す。「あまりたくさんで行っちゃうと，向こうも構えちゃうっていうこともやっぱりあるんですよ。通常の何でもないときであればね，問題はないと思うんですが，何かあったときにたくさんで行くと，なんて言うんですかね，向こうがどう出てくるかあれなんですけど，威圧しちゃうということもあるので，極力少人数，対応できる範囲での少人数でやっています。」
[28] 被規制者の中には，水濁法施行当初から規制対象となっているところもある。実際，立入検査対象の被規制者は，昔から規制対象であった事業者が多い。行政と被規制者の関係が長期間に及ぶという点については，後にも触れる。

心を抱いていても，徐々に行政に慣れてくると，正直にいろいろ答えてくれるという。

また，立入検査の際に，排水処理施設の調子が悪いなど，不具合があった場合には，今までの事例（違反事例や，基準違反はしなかったが排水基準に近い数値がでた事例）や，その原因を伝え，違反しないように注意を喚起すると答えた自治体もある。例えば，「以前，ある事業者で汚泥の引き抜きをちゃんとしていなかったので，りんが超過しそうになっていました，汚泥の引き抜きはちゃんとやっていますか」，と話し，注意喚起をする。近年起こったデータ改ざんについても，話題にする[29]。また，司法警察機関に逮捕された違反事例を紹介する際は特に，被規制者は興味を持って聞いてくれるという[30]。

自治体の中には，採水目的の立入検査とは別に，調査目的の立入検査を行っている，と答えた自治体がいくつかあった。調査目的の立入検査には，採水目的の検査よりも，費やされる時間がかなり長い。A市では，調査目的の立入検査（精密検査と呼ばれている）には最低半日かけるという。この精密検査は，2年に一度のペースですべての立入検査対象企業を対象に行われるという。まず午前中に，企業が行っている作業や問題点などについてヒアリングを行い，同時に企業からの質問にも回答する。午後に，午前中話題になった箇所や問題になった箇所を中心に現場を見る，というスケジュールが典型的である。敷地内を車で移動しなければならない規模の工場では，現場を見るだけで数日かかるという。

B市も，採水目的とは別目的の立入検査を行っていた（調査立入と呼ばれている）。その対象となるのは，①新設の届出をして規制対象企業になった場合，②排水基準違反をした場合，③施設を新しくした場合，である。調査立

---

[29] 「そういうこと［データ改ざん，筆者注］があったときには，立入の際に，各企業さんに『こういうことがあったんですよ』，とお話して，法令順守をお願いする。」「付き合いの長い担当者相手だと，『改ざんしてないよね？』なんて，冗談半分，本気半分くらいで聞いたりする。」「本気で聞くと，喧嘩になってしまう。」
[30] ある自治体職員は話す。「海に直接排出している事業者については，警察も海保も水を直接取りやすいし，例えば，排水が白濁していたり，泡立っていたりすると，目立つので，気をつけてくださいね，という風にお話します。」

入には，1件1時間程度かけ，1日で2,3件をこなすという。①の初めて被規制対象になったという場合は，どこが採水ポイントとなるのか，水の流れがどうなっているのか，現場で実際に確認することが目的である。特定施設や汚水等の処理施設の系統，配管等は届出項目になってはいるが（5条），やはり現場でも確認する。また，当該企業がどのような活動をしているのか，案内もしてもらうという。また，③の施設変更の場合についても，①と同様の目的だが，施設変更自体数が多く，すべてに調査立入を行っているわけではないという。排水基準違反をした場合の②は，行政指導後に被規制者から提出された報告書通りに操業が行われているか，確認する目的で行われている。改善の程度や，管理状況が良くなっているかなど，改善後の様子をじっくりと確認したい場合に行われる。

C市も，新しく規制対象になった際や，新しく施設を設置した際，また前回の立入検査の状況が良くなかった場合や，前回基準を超えていたり基準を超えそうになっていた被規制者に対し，調査目的の立入を行っているという。1~2時間ほどかけて，じっくりと現場を確認する。被規制者はどのような事業を行っているのか，また施設が届出通りに設置されているのか，などを見る。

D市では，関係書類のチェックという目的から，書類検査のための立入も行われていた。届出書類と実態との間で齟齬はないかどうか，また，被規制者が記録している排水データ等を閲覧しているという。この書類検査は，定期的な採水目的のための立入検査と同時に実施される場合もあれば，そうでない場合もある。

市民の苦情や通報により，立入検査が行われるということも，ないわけではない。年に一桁程度と答えた自治体が多かった。自治体によっては，市民からの通報・苦情に基づき，必要に応じて夜間や休日に立入検査を行うことが年に数回ある，と答えたところがあった。しかし，一般的には市民からの通報や苦情がきっかけで違反が判明したということはまれだという[31]。その理由として，通報や苦情があった場合でも，その水質汚濁の原因自体が不明

---

[31] 北村（1997）の知見と共通している。

であったり，違反事業者を特定できない点が挙げられる。

　このように，行政は被規制者に対し，定期的あるいはスポット的に立入検査を行っている。採水目的の立入検査は抜き打ちで行われるが[32]，調査目的の立入検査は事前に連絡をして行われる。抜き打ちとはいえ，一年に数回しかなく，また，自治体によるが，検査の時期は事実上，ある程度決まっている場合もあり，被規制者からすればそれほど厳しいものではないと思われる[33]。

(3)　違反

　先述のとおり，排水基準違反は行政による採水によって判明する。【表1.2】で示されているように，立入検査数全体のうち，条例による上乗せ基準も含めた基準違反数は，約1割を占めている。インタヴュー調査によれば，違反する企業について，規模や業種によってはっきりした傾向はないという。どの自治体も，中小企業の方が大企業より違反をしやすいといったことはなく[34]，違反企業は実に様々であると答えている。業種も，クリーニング業や倉庫業，金属製品製造業，食品製造業，旅館業，研究機関など多岐にわたる。なお，水濁法の排水基準違反とは，排水基準を超えた排出水を公共用水域に排出していることであり，その基準，採水結果とも数値化されている。したがって，何が違反なのか，違反の形態を明確に判断できることは，水濁法の違反の一つの特徴であろう[35]。

　違反項目としては，健康項目と生活環境項目との2種類があるが，健康項目の違反は少なく，生活環境項目の違反が多い。生活環境項目の中でも，pH

---

[32] よって，行政が立入検査に行くと，被規制者が休業中であった，ということもある。
[33] たとえば，4月に立入検査があったから翌月の5月には検査はこないだろう，という予想を，被規制者が立てることは容易であろう。行政側もできるだけ立入検査の時期をずらし予測されないようにしようとはしているが，他の業務との兼ね合いから検査時期の大胆な変更はできないと，ある自治体は答えていた。結果的に，毎年同じような時期に定期的な立入調査が行われる場合がある。
[34] この点は北村（1997: 31）の知見とは異なっている。
[35] 一定規模の被規制者は，行政が採水する際，同時に被規制者自らも採水・分析をしている。

やCOD（化学的酸素要求量）[36]が代表的である。

　違反の原因も様々であるが，主に①ヒューマン・エラーと，②排水処理施設の管理不足，費用の出し惜しみや処理能力超え，施設の老朽化などに大別される。ヒューマン・エラーとは操作ミス，人為的ミス（うっかりミス）であり，試薬の補充ミスやタンクの栓の締め忘れなどがあたる。費用の出し惜しみとは，例えば，浄化槽の管理を管理会社に任せていたが，その費用削減のため管理会社との契約を打ち切るというように，処理施設維持管理費用の出費を抑えることである。同様に，事業を拡大したにも拘わらず，それに見合う処理施設を整備しなかったことも，遵守費用の出し惜しみに当たる。そのほかにも，施設の老朽化や管理不足（適切な汚泥の引き抜きを行っていなかった，かくはん機が作動しておらず試薬が混ざっていなかった，メーターに藻やヘドロなど妨害物が付いていて正しく感知できなかった，など様々）がある。ヒューマン・エラーによる違反とヒューマン・エラー以外による違反のどちらが多いかは，自治体によって回答に違いがみられた。ある自治体ではヒューマン・エラーによる違反が多いと答えたが，別の自治体では費用の出し惜しみや処理能力超え，施設管理不足が主だという。ある自治体のベテラン職員によれば，違反が起こりやすい場合は，「例えば，急に忙しくなったとか，急に暇になったとか，やる内容が変わったとか，排水処理の薬剤を変えたとかなど，今までと異なることをしている」ときだという。

　また，違反の原因については，情報の非対称性ということも指摘できる。例えば，立入検査前にちょうど装置などの機械が故障し，排水処理が適切に行われなかったという説明を，行政は被規制者から受けることもある。年に数回の立入検査の直前に機械故障が起こるとは，相当運が悪いとも考えられるが，市に対する言い訳であって，本当は以前から故障していたのを認識しつつ，違法排水を継続していたのかもしれないと，ある自治体職員は話していた。とはいえ，行政は，被規制者が故意で違法排水を流していたのか否か

---

[36] COD（化学的酸素要求量）は，水質の汚れの度合いを示す指標の一つである。水中の有機物を酸化剤で酸化するときに消費される酸素の量を表している。値が大きいほど，水中の有機物が多く，水の汚染が進んでいる。

については分からないので，他の違反同様，文書による行政指導を行っているという。

（4） 違反に対する行政の対応

行政は，違反に対し，文書による行政指導または改善命令といった行政命令の二つから，対応を選ぶこととなる[37]。行政指導については，その相手方は指導に従う法的義務はない。一方，行政命令は，それに従う法的義務がある。改善命令が発動された場合，例えば数千万円の改善費用が緊急に必要になることから，命令対象が小規模な被規制者だと，倒産に追い込まれる可能性もある。また，行政命令を発動する際は，その対象となった企業名も公表することになるため[38]，この点からも行政命令が被規制者に与えるダメージは大きい。行政指導の場合は，基準違反の企業名は公表されない。

文書指導と行政命令は，決裁区分が異なるのみで[39]，自治体にとって，事務的な手続きは，ほぼ変わらないという。行政指導であれ，行政命令であれ，同じ内部手続きによって発せられている[40]。この点，行政命令より行政指導を出す方が手続き的に簡便であるとはいえない[41]。もちろん，行政命令の場合は，行政手続法による弁明の機会の付与（第13条1項）の必要がある。ま

---

[37] 排水基準違反に対しては，文書による行政指導が行われる。
　なお，行政は，司法警察機関への告発も可能ではあるが，実際には告発は行われていない。阿部（1997: 第1編第10章第2節）も参照。
[38] 市原市を除く。
[39] 北村（1997）の知見と同様である。自治体によって異なるが，文書による行政指導は部長決裁，行政命令は副市長決裁，などとなっているという。
[40] ただ，これは，筆者が調査対象とした自治体は，すべて同一組織で立入検査，採水，行政指導，行政命令を担当していたためという可能性もあるので，留意が必要かもしれない。都道府県レヴェルの自治体では，県民センターや保健所など，県庁（本庁）とは別の組織，県の出先機関も執行に携わっていることもある。千葉県では，実際の水濁法執行は，県庁の出先機関（県民センター。県内に10箇所）によって行われている。この県民センターが，被規制者への立入検査や行政指導等を行う。県庁（本庁）は，執行の基本的な指針を立てたり，違反数等の集計と統括を主に行っている。なお，行政命令を出すかどうかの判断は，県民センターから問い合わせが来るという。
[41] 行政指導が多用される理由のひとつとして，行政指導の簡便性が指摘されることもある（山内 1984: 26）。

た，不服申立て（異議申立て）を受けたり，処分の違法性を争われる可能性も生じる。しかし，実際には，不服申立てや処分の違法性を争われたことはないという[42]。水濁法では違反の事実が明白であるため，行政も企業の訴訟等を恐れてはいないという回答を得た。とはいえ，改善命令が被規制者に与える影響は大きいことから，実際には，改善命令を出すかどうかの決定に関して，行政内部で議論される。

行政命令と文書指導では，その文書様式や内容も，極めて似ている[43]。両方とも，特定事業場の名称や違反の事実，改善を求めることが明記されている。改善命令の場合は，語尾が「…改善を命じます」となり，命令者が市長になる点が[44]，文書指導と異なる。

さて実際には，【表1.1】，【表1.2】にあるとおり，行政は違反に対し，圧倒的に行政指導で対応している[45]。行政指導には，大別すると，口頭による行政指導と，文書による行政指導とがある。また，自治体によっては，さらに「文書指示」と「改善指示」，「文書による行政指導」と「行政勧告」，というように，文書による行政指導を，さらにレヴェル別に分けて運用しているところもあった。その場合，「改善指示」や「行政勧告」の方が，「文書指示」，「文書による行政指導」よりも厳しい行政指導とされている[46]。

排水基準違反に対し，口頭による行政指導はまれで，大抵は文書による行政指導がなされる。後述するように，排水基準違反が明らかになった場合，違反企業は市役所に赴き，行政指導文書を受け取ることとなる。

最初に違反が発見された場合，どのような行政措置を取るかの考慮は，自

---

[42] 北村（1997）の知見と同様。
[43] ある自治体の改善命令書の様式によれば，改善命令書は以下のようなものである。
　まず，命令の名宛人と命令者が記された後，「次の特定施設については，水質汚濁防止法第13条第1項の規定により，次のとおり改善（一時停止）を命じます。」と続く。そして以下に，特定施設の名称と所在地，期限，命令事項，を記す欄がある。
[44] これは，筆者がインタヴュー調査を行った自治体が，水濁法の定める政令市であったためである。都道府県の場合は，命令者は知事になる。
[45] 六本（1991），北村（1997）の知見とも一致している。
[46] ある自治体の措置の基準を拝見すると，本来ならば改善命令にあたるようなケースも，改善勧告など，より厳しい行政指導を設けることで，その改善勧告に含まれることとなるように感じた。

治体によって、若干のスタンスの違いが見られた。違反項目や違反の程度に関係なく、排水基準違反イコール行政指導、という明確な意思を持っているところもあれば、一方で、違反の程度や、違反項目、過去の違反等を考慮し、マニュアルに従って命令を出すか、勧告を出すか、文書指導を行うか、の判断をする自治体もあった。同様に、改善命令などの行政命令に対する考え方も、自治体によって多少異なっている。対象企業を倒産の危機に追い込みうる改善命令は本当に行うべきか、命令を出すには躊躇する姿勢を見せた自治体がある一方、マニュアルに応じて、抵抗なく粛々と命令を発動する、と答えた自治体もあった[47][48]。

とはいえ、行政は概して、自分たちのやるべきことは違反を捕まえて罰を与えることではなく、違反しないように、そして違反しても違反が続かないように指導で是正することだ、という考えを、程度の差はあれ持っている[49]。また、違反に対する被規制者の対応いかんによって、行政の対応も異なる点も共通している。例えば、違反した被規制者の、是正に向けての対応が、誠実かどうかは、その後の行政の対応に影響する[50]。ある自治体職員は言う。「相手の意思、相手がどのくらい真剣に、違反について考えているか、相手がどれくらい本気で取り組むか、が一番重要です。すでに相手が一生懸命やっていることについて、追い打ちをかけるような命令は特段必要ないのかなと思います。ただ、相手が動かない場合には、命令が必要になる。」

なお、改善命令など行政命令を発動するのに躊躇すると回答した自治体も、

---

[47] このマニュアルには、違反の程度や、違反項目、過去の違反の有無等によって、かなり詳しくランク分けされているという。もちろんボーダーライン上の事案については担当者によって判断が異なるかもしれないが、それ以外は基本的に誰が担当者でも結果は同じになるという。このように、一部の自治体ではマニュアルはかなり忠実に守られている。
[48] もちろん、命令を出すことに抵抗はない、と回答しても、実際に事案を前にした場合にも同じことが当てはまるか、ということは保障されない。しかし、少なくとも意識のレヴェルにおいては、自治体間によって違いがあると考えてよいだろう。
[49] 北村（1997）の知見と同様。
[50] 改善命令の発動について、あまり積極的ではない自治体の職員も、このように話す。「例えば、その場しのぎの対応で終わらせてしまえ、とか、指導に全く従わないなど、企業側に違反を改善する意向がなければ、行政としても、もう次の手段に出ざるを得ない。」

【図 1.2】採水検査による違反発見以後の流れ（文書指導の場合）

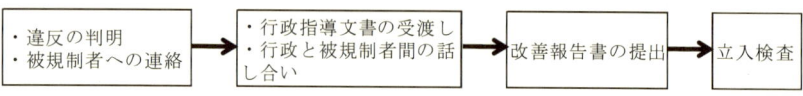

警察や海上保安庁が違反を発見し送検した場合や、違反が新聞沙汰になった場合は、改善命令を発動すると答えた。

立入検査による採水検査をきっかけに違反が発見された場合、一般的な流れは以下の通りである（【図1.2】を参照）。

まず、分析機関から暫定的な速報値が行政に送られてきた段階で、違反が判明した場合はすぐに、当該被規制者へ電話連絡をする。違反事実の旨と、原因究明をすること等を伝える。その後、正式な検査結果を通知し、文書による行政指導が始まる。具体的には、被規制者が役所へ赴き、行政指導文書を受け取る。そして、行政職員と向かいあいながら、違反原因は何なのか、どのような対策をとるのか、状況や改善策のやりとりを行う。その後も、必要に応じて電話でのやりとりを行うこともある。このようにして、被規制者に対策をとらせ、行政は改善できた旨の改善報告書（完了届）を受け取る[51]。行政は再検査のため、立入検査を行う、という流れになっている。

上で紹介した、違反後の行政と被規制者の話し合いにおいては、違反の原因を突き止める努力が、まず行われる。当該話し合いの前に、被規制者によって、違反原因がすでに判明している場合はそれでよいが、違反原因が分からない場合、行政も、違反原因は何か、共に考える。行政は今までの規制執行の経験により、同じ業種の過去の違反事例を把握しているため、適宜必要

---

[51] 自治体の中には、違反した被規制者自らの費用で分析会社に排水の分析を一定期間行わせたり、改善報告書に加え、会社の代表者印も要求しているところがあった。分析機関に分析を依頼するには費用がかかる。また会社の代表者印は、大企業であれば特に現場担当者には重荷になるのではないか、と話していた。最低でも、事業所長の名前で書類を出してもらっている。被規制者側に、排水基準違反であることを自覚してもらうために、求めているという。

な情報を提供でき，問題解決の参考にしていることが多い[52]。また，被規制者自らが，違反の原因を突き止め，改善のためには何をしなければならないのか，被規制者自身に考えてもらうということを，重要視している自治体もあった[53]。また，単に，工程や当該被規制者の処理施設に関する具体的な技術については，市よりも被規制者の方が詳しいため，改善案作成は被規制者に任せている，という回答をした自治体もあった。

違反の原因が，ヒューマン・エラーなのか，処理能力不足などヒューマン・エラー以外の要因なのかによって，違反是正に向けた対策は全く異なることを強調した自治体もある。彼らは以下のようにいう。

> ヒューマン・エラーである場合，作業マニュアルの改訂や注意を促すことで違反が改善される。しかし，処理能力不足などの場合は，違反はすぐには直らない。
>
> 例えば，以前アルカリの排水を排出するから，その排水を中和するように排水処理施設を設置したが，月日が経つにつれ，現在ではCODが含まれる排水を排出するようになっていた場合がある。その際，中和をする排水処理を行っても，COD処理能力を持っていないため，CODは処理できない。この場合は，なぜ排水がアルカリからCODになったのか，ということを考える必要がある。

---

[52] ある自治体職員はいう。「こちらも，同じ業種での過去の違反状況については事例をもっているので，排水処理施設の管理が悪いのか，それとも工程の管理が悪いのか，不明なところのある違反に対して指導をする場合に，過去に同じ業種ではこういうところも問題になっていたよ，ということを，こちらの方から，参考意見として出しながら問題解決の参考にしていく。あと，こちらの方としても，違反原因の目星は早めにつけたいから，過去の事例から，問題になりやすいところをまず確認するとか，改善するとか，そういうところから手始めにやってみてこれでどうかとみる。あと，どのようなところから調べたらいいのか，調査の手順についても，過去の事例を持っているので，こちらから指摘できる。」

[53] 「まず企業自身に原因を調べてきてもらい，市はその説明を受ける。それと同時に，『これは，あれは，どうなっているのか』，と徐々に調べる負担を重くして調べてきてもらう。このようにして，自分たちが何をしなければならないのかを，自分たち自身に気づいてもらうことが重要である。これは，市が外から『こうしろ』というよりも，よっぽど効果があると思う。企業の方も，自分たちで違反原因を発見すると，喜んでいる。これは当該会社にとってもメリットだろう。」

企業にとって，排水処理施設の改善は大きな経済的負担である。よって，現状の処理施設をもっと効率的に使用できないか，ということも考える。当該問題となっている作業を止めることはできないのか，外部に委託することはできないのか，といった検討も行う。
　なぜ違反が起こったのか，どのような対策がベストなのか，企業と一緒に考えないといけない。
　作業であれば止めることも可能だが，生活排水の場合だと止められない。生活排水が一番困るところである。トイレの使用を時間で区切るという対応を取るところもある。浄化槽の場合，建物の地下深くに浄化槽が埋められていることが多い。もし現にある浄化槽を使わないとすると，その浄化槽を一度地上に出して捨てるのではなく，中に砂を入れて埋め殺しをするのだが，新しい浄化槽を設置する土地がないことも多い。となると，今ある浄化槽を，いかに使うか，ということになる。

　話し合いにおいては，違反是正完了までの期限や，具体的な改善策も提示される。改善報告書の提出には期限が設けられている。その期限は違反原因とその対策によって異なるが，1か月が基本という自治体もあれば，大規模な工事が必要なら3~6か月，あるいはそれ以上与える，と答えた自治体もあった。この期限は，行政が決定・指示するものではあるが，被規制者の意見も反映されている。大規模な改修工事が行われる場合は，期限は長期間に及ぶ。同様に，改善案についても，被規制者が提案したものを行政が認めたり，また被規制者が提案した改善案に対し，行政が注文をつける，といったことが行われている。被規制者が提出した改善案に対し，行政が変更を求める場合は，その変更に被規制者が納得し，了承するように説得が行われる[54]。その際も，被規制者が受け入れるだろうという配慮がされている。ある自治体

---

[54] 違反是正にむけた，行政と被規制者のこのようなやりとりは，一定範囲の目標を共有し，互いの利益の相補性と利益の相違を踏まえつつ，合意を目指し話し合うという意味で，交渉プロセスとみることができる。これについては，3.3.2を参照。

職員はいう。「例えば，排水基準が50だとして，被規制者が，その基準ぎりぎりを担保するような改善案を提案した場合，80%にあたる40を担保できるような計画に変更するようにいう。ぎりぎりのラインで排水していたら，違反をすることがある。これを防ぐためには，20%ほど幅を持たせて管理しないと，違反しないという担保はできないのではないですか，と伝えて説得する。向こうにも，デメリットがあることを説明して，納得してもらう。」

自治体や違反原因によっても異なるが，多くの場合，違反をした被規制者に対しては，改善完了届の提出終了後，追加的な立入検査が行わる。その際は，違反改善の確認や，管理状況の程度の確認が行われる。

後の(5)で述べるように，ほとんどの違反は一度の文書指導によってスムーズに改善される。しかし，中には，違反是正の完了届がなかなか提出されなかったり，再度違反をしてしまう被規制者も存在する[55][56]。そのような被規制者に対しては，立入検査を繰り返し行ったり，現場担当者にとどまらず上司や工場長，社長と話をするなどして，違反是正を促す[57]。また，このような状況の場合は，改善命令の発動可能性も視野に入ってくる。再度違反が繰り返される場合は，自治体によっては，「今度違反をした場合には，改善命令をだし，企業名を公表する」，と被規制者に伝えることもある。実際に，被規

---

[55] 基準違反の原因が一つではない，もしくは原因が定かではない，ということも理由の一つであろう。たとえば，最初は原因がこの個所と思って対処したが，次に別の個所の不具合から再度基準違反となる，というパターンなど。

[56] 中小規模のメッキ工場は，概して繰り返し違反をしやすい状況にあるという。「原因としては，仕事量が変わると排水量も変わる点，メッキの種類（金属にメッキをする，プラスチックにメッキするなど）によって，使用する薬品（メッキ液）自体も異なるため，その都度排水にいろいろな物質が含まれる点がある。小さい工場だと一つの製品をずっと製造しているわけではなく，短期間の，細かい仕事ももらってくる。短期の仕事だと，それに応じて排水処理施設の調整を行わずにそのまま仕事をしてしまう。特に，仕事量が多く，忙しいときは，排水処理施設の管理を行う人間がいない。そのような時期に市が採水にいくと，基準違反となる。」

[57] ある自治体職員は次のように話す。「期間を置いても何もアクションがなければ，こちらの方から打って出るというか，その事業者のところに行って，改善を再度促すという形で，じっくり中を見させていただきながら，問題提起している。」「しつこく行って，プレッシャーをかける。」また別の自治体職員は，「一回目のときは現場担当者による報告書だけで済んでも，二回目以降違反が続くとなると，これは市の言うことを真剣に聞いていないということなので，担当者レベルではなく，工場長と話をするレヴェルになる。」と話す。

制者にそう伝えた事例もあると回答した自治体もあれば，今のところ改善命令をちらつかせる必要はなかったのでしていないが，将来必要な事例が起こったら，次回は命令になる，と伝えるだろう，と回答した自治体もある[58]。被規制者が違反是正に向けて，不十分な対策しか講じず，特に違反是正のために金銭的費用・手間がかけられていない場合，改善命令発動の可能性が示唆されることが多い[59]。また，同じ原因で三回違反した場合は，改善命令を発動する，と公言しており，コミットメントをしている自治体もあった。そして，同じ原因で三回連続して違反することはめったにないという。このように，改善命令の存在と，改善命令発動の可能性は，違反是正を促す大きな要因となっている。

しかし，被規制者全体としてみれば，上述のような，指導によっても違反の是正がなされない事案は少数であることも事実である。実際，一度の違反に対し文書指導を行ったにも拘わらず再度違反が繰り返されたという事例は，ここしばらく（最近4, 5年）ないと回答した自治体もある。

(5) 行政措置に対する被規制者の反応についての，行政の認識

文書指導など，違反に対し行政がとった措置を受けて，被規制者はどのような反応を示すのか，行政の認識を尋ねてみた。行政指導だから従わなくてもよい，という態度をとる被規制者はいないという。結果は数値で出てくるため，違反をしたという事実は明らかであり，被規制者は違反是正に向けて改善に取り組むという形で対応する。このように，文書による行政指導は，被規制者によって受け入れられ，指導により基準違反はほぼ是正されるとい

---

[58] ある自治体職員は言う。「実際には，『次に違反したら命令を出す』ということを伝える状況までには至らないが，必要があるならば，その旨を伝えるし，その旨伝えたことを指導内容に記録しておく。次回命令を出すときに，突然命令をしたのではなく，前から伝えていた，ということを示して，命令発動のステップを築いておく。」

[59] ある自治体職員はいう。「市が，費用のかかる施設改善に向けて強く出るとき，また，本当に改善を行う意向があるのか，経営者側に回答を迫る場合に，改善命令の発動可能性を伝える。市は現場担当者と改善に向けてやりとりしているが，現場担当者が『金を出す』といわない場合に，『そういう話［改善命令のこと，筆者注］もでてくるよ』，と伝える。」

う。

さて，このように，被規制者が行政指導を素直に受け入れることは，行政指導への過剰依存の主な理由の一つとされる[60]。つまり，「行政指導で処理されている（すなわち，行政命令まで至らない）ことが圧倒的に多いのは，ひとつには，それによって，行政が満足できる程度に違反が是正されているからである」（北村 1997: 39）。

(6) 行政と被規制者との一般的な接触と，両者の長期的関係

排水基準違反と違反への行政措置だけが，行政と被規制者の接触の機会ではない。先に述べたとおり，定期的な立入検査は，行政と被規制者の主要な接触の機会である。立入検査の際は，採水作業のみならず，施設の調子や，被規制者の最近の操業の様子などを話題にして，「立ち話」「雑談」が行われる。自治体によっては，長時間にわたる調査目的の立入検査や，書類検査も行われていた。

定期的な立入検査以外にも，各種届出の際，例えば，特定施設のさらなる設置や施設の変更，代表者変更などの届出の際も，被規制者は市役所に訪れ，行政職員（立入検査や指導を行う職員と同一人物のことが多い）とやりとりをする。また，届出についてや，排水処理の技術的な面について，被規制者は市役所に電話やメールで相談をすることもあるという。

上記のような，行政と被規制者のコミュニケーションの頻度は，被規制者の規模や，被規制者が総量規制の対象になっているのかによっても異なる。例えば，大企業など頻繁に届出を提出する企業の場合は，行政との接触も頻繁になる。中には，週に数回，同じ企業が役所を訪れることもあるという。また，総量規制の対象になっている場合，定期的に，被規制者は行政に汚濁負荷量について報告書を提出することが求められている。この報告書提出は，被規制者が，直接市役所へ持参し，行政へ手渡しする，という形を取ってい

---

[60] 六本（1991: 39-40）も，同様の点を指摘している。

る自治体が多かった[61]。その際は，当然会話がなされる。汚濁負荷量の報告書を提出する際，ついでに相談を受けることもある，と答えた自治体もあった。また，被規制者の中には，排出水の自主検査を行っているところもあり，その自主検査の結果を行政に報告するところもある。

　自治体の中には，以上に述べた水濁法執行活動に加え，独自の取組みをしているところがあった。その自治体では，年に1回，総量規制対象となっている被規制者らを集め，セミナーを開いている。このセミナーでは，違反の事例を匿名で紹介し，どのような原因で基準違反になったのか，他の被規制者とも情報を共有することで，違反数を減らそうと取り組んでいるという。このように，市に蓄積されている情報を，被規制者へ還元することで，違反の防止と規制の理解向上に努めているという[62]。この自治体は，上記セミナー以外にも，総量規制対象となっているすべての被規制者を対象に，ヒアリングを行っていた。その内容は，排水濃度をチェックし1年間のグラフにして提出するように被規制者に求めるものであった[63]。すると，排水基準は守られていても，時期によって濃度に波がある被規制者がいる。もし濃度が最も高い場合が基準を超えてしまったら，それは企業にとってもデメリットになることを説明し，その波を水平にできないか，対策を考えさせたという。実際，施設の老朽化のため，処理設備を新調するには莫大な費用がかかる。設備改善の決定は被規制者にとって大きな決定であり，その決定のためには，当該現場担当者がその事業者の内部で改善の必要性を説明しなければならない。行政が外から指図するより，被規制者（特に企業の現場担当者）自身で調査しグラフを作成してもらったことは，効果があったとその自治体は語っていた。

　以上の通り，行政と被規制者は，基準違反と違反への行政措置以外にも，

---

[61] 少数の自治体では，メールで報告してもらうという形にしているところもある。
[62] このセミナーは，被規制者にも好評だという。
[63] ちなみに，被規制者は，排出水の汚染状態を測定し，その結果を記録しておかなければならない（14条）。これは訓示規定である。排水基準の対象物質や対象項目すべてについてではなく，当該特定事業場の業種からみて通常問題とされる物質又は項目について測定することとなっている（水質法令研究会 1996: 281-282）。

お互い顔を合わせる機会がある。代表的なものとして，立入検査の際や，各種届出提出の際，総量規制に基づく汚濁負荷量の報告書提出の際，が挙げられた。自治体によっては，セミナーなど，他にも接触の機会はあった。水濁法では，一度規制対象事業場になると，規制対象である特定施設を使用する事業を止めるか，他自治体へ移転しない限り，当該自治体において被規制者としてあり続ける。そして，水濁法の被規制者とは，その土地に工場や施設を構え，操業している事業者であるから，移転はほぼ起こらない。よって，一度被規制者になれば，当該事業者が存在する限り，被規制者であり続けると考えてよい[64]。この点において，規制者たる行政と，被規制者たる企業との関係は，長期的，継続的なものである。よって，行政と被規制者は，採水立入検査などを通じて，お互い顔を合わせる機会があり，かつ長期的に付き合うこととなる。

また，行政と被規制者の現場担当者とは，顔なじみの関係である。水質管理には専門的知識が必要となることから，担当者同士お互い異動が頻繁ではなく，長年の付き合いとなる傾向がある[65]。

このように，基準違反と違反への対処以外にも，行政と被規制者は一般的な接触の機会があり，お互いが顔見知りになっているという点で，関係性を構築している。立入検査などを通じて構築された，行政と被規制者との関係性においては，違反発生の防止，及び，将来違反が発生した場合に，自発的に違反是正を行わせるための素地を作る，という目的が，行政の念頭に置か

---

[64] 水濁法上は，新規の届出（5条）から始まり，廃止届（10条）が提出されるまでの期間，事業者は被規制者として，規制者である行政と関係を持つ。よって，被規制者が存続する限り，何十年と，規制者・被規制者としての関係は続く。なお，水濁法の特定事業所の場合，土壌汚染対策法や土壌に関わる条例があるため，水濁法の規制対象から外れても，なおも市と関わりを持つ。このことは，水濁法と土壌汚染対策法の執行を同じ行政部署が扱っている場合に，同じ部署や行政職員とコンタクトをとるため，特に成り立つ。また，大企業の中には，工場建設の工事の際に排出される排水についても気にするところもあり，建設工事当初から，市とコンタクトをとる企業もあるという。
[65] 特に，技術職の行政職員の場合，いったん水濁法担当部署を離れても，将来，再び同じ部署に配属される可能性が高い。

れている[66]。

(7) 行政における，担当者異動の際の引き継ぎ

　異動が頻繁ではないとはいえ，水濁法担当の行政職員が別の部署へ異動することは当然ある。その際に，どのような情報が引き継ぎされているのかについても，尋ねた。基本的には，一般的な事務処理について引き継ぎがされるのだが，進行中の行政指導や，懸案事項がある場合は，個別の状況についても引き継ぎを行う。その他にも，前年度の立入検査時に状況が悪かった被規制者や，排水基準を超過しそうになっていたところについて，口頭なり文書なりで別途対応している自治体もあった。

　文書に記されることではないが，被規制者の現場担当者の人柄や性格についても，後続の担当者に伝えられている自治体があることは，興味深い。ある自治体職員は次のように話す。「相手の企業の担当者の癖とか，あの人はこういう人だから，例えば書類を持ってこいって言ってもなかなか持ってこないとかね，そういう人間的な，人のあれはね，やっぱり参考になります。指導する上では，その人とやりますから。」「彼は，その場限りの話が多く，実際には3分の1くらいしか行動しない，といったことを伝える。」

　このように，担当者引き継ぎの際は，一般的な事務処理に加え，懸案事項についてや相手方担当者についても，引き継ぎが行われる。

(8) 事例紹介

　さて，以下では，調査対象自治体において発生した，水濁法に関わる具体的な事例を8つ紹介する[67]。排水基準違反事例や，排水基準違反には至っていないが懸案事項とされていた事例である。

　まず，総量規制に関する事例を一つ紹介しよう。

---

[66] この点については，1.2.3で詳述する。
[67] 違反事例全体のうちの一部を紹介するにすぎないが，具体的な違反や行政の対応など，水濁法執行過程の一端が垣間見られるであろう。

【事例1.】病院Aの事例（総量規制関連）

　この病院Aは，総量規制対象の事業者であり，定期的な汚濁負荷量の報告書提出を行っている。かつ定期的な採水立入検査対象の事業者である。昔から操業しているが，今まで違反経歴はなかった。

　平成19年度，総量規制に基づく定期報告書において，Aはりんの平均値（総量規制に基づく）を超過していたため（基準4のところを，5.3），これについては口頭で指導し，原因究明，対策の実施，結果の文書報告の要請を行った。

　加えて，同年度，Aは市が実施している，定期的な採水立入検査においても，りんの平均値（総量規制に基づく）を超過していた。これについては，A側とメンテナンス業者を市役所に呼び出し，文書による行政指導を行い，対策を話し合った。

　原因は単純なものであった。浄化槽の活性汚泥の引き抜き[68]が不十分であったため，りんが処理されずに排出されてしまったのであった。ただ単に，維持管理・メンテナンスが十分に行われていなかったという状況だった。

　対策としては，活性汚泥の引き抜きを2回実施してもらった。汚泥の引き抜きとは，バキュームのようなもので下にたまっている汚泥を引き抜くことである。1日でできる作業であり，大金がかかることではない。もともと，汚泥の引き抜きは定期的に行わなければならない作業であり，まさに通常のメンテナンスにあたる。よって，向こうもすぐに対応できたのだろうと思う。しかし，目に見えない部分ではあるので，お金がなくなってくると，手抜きをされそうなところではあ

---

[68] 活性汚泥は，細菌類などの微生物から構成される。排水処理の一般的な手法である活性汚泥法では，ばっ気槽において，酸素を連続的に供給しながら，活性汚泥と排水が混合し，汚濁物質が分解される。そして，汚濁物質が分解されるためには，ばっ気槽の活性汚泥の濃度（MLSS濃度）を一定に維持する必要がある。有機物の接触・吸収により，活性汚泥の濃度は増加するため，排水処理のためには，適宜活性汚泥を引き抜き，濃度を一定に保つという管理が必要となる（多賀 2001; 瀬戸 2006）。

る。

　また，Aの排水処理施設は，とても古いものであり，散気管[69]の不具合が以前からあり，立入検査の際に，ばっ気のメンテナンスをしてくれ，と何度も指摘していた。今回の改善対策のついでに，この散気管もきれいにしてもらい，不具合を解消した。

　なお，Aに対しては，下水接続をすすめているのだが，下水接続には費用がかかるため，Aは渋っている。

　行政による立入検査によって，超過が判明した時点から，最終的な改善の報告書が提出されるまで，かかった期間はおよそ2か月であった。

　この出来事から1年半ほど経っているが，それ以降問題は起きていない。

　自治体によっては，排水基準を超えてはいないが，採水検査の結果，排水濃度が通常とは異なる様相を呈し，基準を超過しそうな場合についても，対応している。以下では，そのような事例を二つ紹介する。

【事例2.】化学工業Bの事例

　Bは立入検査対象の事業者である。Bでは，シアン化合物（水濁法上の健康項目である）を，製造も使用もしておらず，工業排水として一切排出されない，とBは言っている。

　しかし，毎回ではないが，市による採水検査でシアン化合物が検出されることがある。それも，基準1に対して，0.5~0.6という，こちらとしてはハラハラするくらいの数値である。採水検査で毎回検出されていれば，こちらも，排水処理施設に問題があるのかとか，本当はシアン化合物を使用しているのではないか，と考えることができるのだが，検出下限値以下のときもあれば，0.5くらい出るときもある。

　市は，事業所の立入において，1~2時間くらいかけてすべての特定

---

[69] ブロアー（送風機）からばっ気槽へ，空気を送り込む散気装置のことである。

施設を見て，シアン化合物を使っていないか確認したのだが，やはり使用していなかった。排水処理施設も，古いものではあるが，きちんとメンテナンスがされていて問題はなかった。それにも拘らず，どうしてもシアン化合物が検出されるときがある。

「検出されたのが去年［平成 20 年］の秋くらいだったと思うが，それ以降採水検査に行くたびにね…。それに向こうも，シアンを使っていないはずなのに，こっちがシアンでたよ，と言っているものだから，うちは使っていないのに，ととても気にしていて，市の測定した結果が本当にあっているのか，ということも疑われてしまって，自分たちで他の測定機関にお願いして測ったりとかしていて，結局，双方とも原因がわからないんですよね。困ったな，という状況です。」

「こういうのは，原因も分からないし，違反もしていないので，表にでてこないですよね。」

【事例 3.】は，排水濃度にムラがあり，その原因を突き止め，対策が取られた例である。

【事例 3.】化学工業 C の事例

C は合成ゴムを製造している。採水検査の結果，BOD と COD の項目が，基準が 100 とすると，今までは 20~30 の数値をさしていたのに，90 を指しているときがあった。市はこの異常に気づき，現場担当者に尋ねると，「時々そうなる」とのことであった。

市は今までの経験から，製造品目ごとに排水が異なるということを知っている。現場担当者から話をいろいろと聞く中で，市は，「○○を製造しているときではないか」ということを指摘した。一般に，製造業では，製造物の製造ラインで，製造物の特徴や能力を少し変えた，それぞれ異なる品目を作ることがある。ゴム製造だと，色のついたものや，少し硬めのものなど，異なる品目を同じ製造ラインで製造することがある。

実際に調べてみると，ある特定の品目を製造しているときのみ，排水濃度の数値が上がっていることがわかった。Cでは，当該品目を製造するのは，数か月に一度，数週間という頻度で行われていた。よって，対策として，当該品目を製造する際に発生する排水を，一度に流すのではなく，分けて排出することによって，排水処理施設に負荷をかけないことにした。

このように，排水基準違反にはいまだ至っていないが，健康項目の濃度が排水基準に近い場合や，排水濃度が当該被規制者の通常状態とは異なる場合にも，必要に応じて，行政は立入検査や指導を行うことがある。水濁法13条1項では「排水基準に適合しない排出水を排出するおそれがあると認めるとき」，改善を命じることができるとなっているが，現場では実際に排水基準違反となっていない段階では，命令は出されない。

次は，排水基準違反となった事例を紹介しよう。

【事例4.】運輸会社Dの基地の事例（排水基準違反・文書指導により改善）

運輸会社Dの基地は臨海部にある。採水立入検査対象事業者であり，かつ総量規制対象の事業者で，新しく水濁法規制対象に加わった新設事業者である。

平成19年度，合併浄化槽からの排出水が，窒素の排水基準を超えたため，Dは基準違反となった。原因は，処理能力越えである。

運輸会社の基地では，トラックの運転手が集い，荷物を運輸して，また基地に帰ってくる。そして，運転手が基地に集まるピーク時には，し尿系の排水がどっと増える。し尿系が多い場合は，排水の窒素濃度が高くなるのである。合併浄化槽は，もともとの設計において，お風呂からの排水など，し尿系以外の排水も入ってくる（よって窒素濃度も薄まる），という想定で設計されているため，対応できる窒素濃度

は高く設定されていない。したがって，ピーク時に大勢の運転手が基地に来て，トイレを使用すると，その時間帯は，排水の窒素濃度が非常に高くなる。最近の運輸会社の基地では，お風呂がなくなっているため，お風呂からの排水も一緒に浄化槽へ流れ，窒素濃度が薄まるということは起こらない。よって，排水は窒素濃度が高いまま，浄化槽へ流れ，窒素が処理されずに排出されてしまっていた。

市は，違反に対し，文書による行政指導を行った。Dは違反是正の対策として，窒素を重点的に分解する槽を一つ増設した。これは，大がかりな工事で，費用もかかったと思われる。

改善のための話し合いでは，D側と浄化槽管理会社が，市役所にやってきた。市は，Dに対して，違反の旨を伝え，改善を求めるのだが，新設事業者だったので，Dは当初，違反の責任は自分たちにあるのではなく，管理会社にある，という感じがあった。ちゃんとお金を払っているのだから，管理会社が悪いんじゃないの，という態度をしていた。

よって，市は，D自身に問題点を挙げてもらい，市からも一つ一つ問題点を出して，Dに理解してもらうことで，改善対策を取るよう説得した。窒素濃度が高くなっているときには，ちゃんとD側がそれに対応しないと，そもそも管理会社も管理できないんだから，ということを話した。また，Dは総量規制対象にもなっているため，ちゃんと対策をしておかないと，総量規制の違反にもつながってしまう。その結果，Dの費用で，改善対策を行ってもらうことになった。

【事例5.】食品製造工場Eの事例（排水基準違反・文書指導により改善）

食品製造工場Eは定期的な立入検査対象の事業者である。5年くらい前にできた，新設事業者である。

平成20年度末，採水検査の結果，Eはりんの超過により，排水基準違反となった。実は，Eは去年にも排水基準違反をしており，その際，

市は文書指導の一つである「注意」［この自治体では「勧告」と「注意」の二種類の文書指導を定めている。「勧告」の方が「注意」よりも厳しい行政指導とされる］をおこなっていた。今回の違反に対しては，「勧告」を行い，2年連続の排水基準違反であるので，維持管理だけではなく，もっと詳細に根本的原因を調べるよう，指導を行った。たいてい，1回ぽっきりの違反だと，みなさん維持管理の問題，清掃の頻度の間が空いたから，と答えるのだが，2回連続で違反が続いた，ということで，もう少し根本的な原因をちゃんと調べてください，という指導をした。

　原因を特定するために，まず，流入［排水処理施設に入る前の排水濃度のこと］を測ってもらった。流入を測る，ということはみなさん考えないが，われわれからすると，ここがまず重要だと考えている。よって，流入濃度を測ってもらった。Eはすんなりと測ってくれた。Eは食品工場なので，食材から負荷が高い排水が出ている可能性もある。しかし，測定の結果，流入濃度は高くなかったことが分かり，排水処理施設自体に原因があるということが特定できた。ここまですれば，われわれも納得するんですよね。ちゃんと流入を測って，キャリーオーヴァーしていないということが分かったので。

　処理施設を調べた結果，浄化槽での薬液［凝集剤］のつまりが原因だということが分かった。維持管理会社任せになっていると，薬液が詰まっていても放置される期間ができてしまう。薬液のつまりを除去し，今後は，薬液量のチェック，排水濃度のチェックをする，という改善対策を行った。

　違反を契機に，Eは今後排水の自主測定をするという。先日，Eによって改善報告書が市へ提出され，その後はまだ立入に行っていない。今はまだ排水が安定しているときなので，行ってもあまり意味がない。Eがちょっと気を緩めたときに，立入に行こうと思っている。

【事例 6.】倉庫業者 F の事例（排水基準違反・現在指導中）

倉庫業者 F は去年［平成 20 年］の夏にできたばかりの，新設事業者・大企業である。不況の影響で，入居しているテナントは見込みよりも少なく，よって排水量も計画の半分に満たない。比較的濃い水が浄化槽に入ってきて，薄まらないという状況である。

去年の年末，採水検査を通じて違反が発見された。違反項目は COD である。市は，この違反に対し，勧告［文書指導］を行った。

F は浄化槽メーカーと連絡を取り，改善策を講じる，ということになっているのだが，そのあたりの報告がまだ市へ提出されていない。去年の年末に違反が発覚して，今年［平成 21 年］に入り勧告を出して，2 月ごろに，改善計画書が提出されたのだが，それ以来アクションがない［なお，筆者がインタヴュー調査に伺ったのは同年 6 月である］。F は市役所へ 2 回きて，現状報告をしたが，具体的な改善策はまだ見いだしておらず，改善の傾向が見えない状況である。F 自身は，のんきに，テナントが入ってくれば水が薄まるから［排水濃度が］落ちますよ，なんて言っているが，もはやそのような状況ではない。

市も F のもとへ立入に行き，何度も改善の催促をしている。F の現場担当者は，水濁法についてあまり深く理解していない様子だ。そもそも，浄化槽は他人ごとと考えられやすい。管理会社がいるし，浄化槽自体が認定されている既製品を使っているので，ちゃんとしたものを使っているのに，なんで，ということもあるし，浄化槽メーカーの方も，普通の共同住宅であれば何の問題もないのに，ということがあるので，誰が悪いのか，向こうでは押し付け合っているのかもしれない。加えて，工程排水と，生活排水とでは，被規制者の感覚に違いがある（F の事例の場合，問題となっているのは生活系排水である）。

とはいえ，当初の改善予定の期限も過ぎており，一向に改善の方向性が見えないことから，この案件は，久々に命令を意識する案件である。

【事例 7.】水産加工業 G の事例（排水基準違反・改善命令）

　G は水産物解体を行っている小規模の事業所である。一般に，魚介類からの排水は負荷が高い。G は過去に複数回排水基準違反を繰り返し，その都度市は文書指導［この自治体では「勧告」］を行ってきたが，最終的に改善命令を出した。命令を出した際の違反項目は，COD，窒素，大腸菌であった。

　何回も文書指導を行っても是正されず命令に至ったのは，企業体質と，企業規模が小規模であったことの，二点があるだろう。まず，G の現場担当者は，水質について重要視していなかった。「うちの仕事だから，このくらいの水はしょうがない」という感覚で，認識が甘かった。また，G は小規模事業者であるため，コスト的に処理施設へ費用が出せないという状況でもあった。小規模事業者に対しては，法的にしゃちほこばってやってしまうと，潰してしまうという恐れが十分ある。そのところの兼ね合いが，われわれの仕事として，どこまで法に沿ってやっていいのか，ということがある。そこ［倒産の恐れ］まで考える必要はない，という人もいるが…。

　幸いなことに，ちょうど当時公共下水道本管の工事が G の付近で行われており，違反改善対策として，公共下水に接続する，と G が提案してきた。最終的には下水へ接続したのだが，接続するまで，1 年半ほど長期間の時間がかかってしまった。下水に接続するまでの間，汚水が流れていても，われわれとしてはダメだなと思いながらも，しょうがないと考えた。金をかけてやらせるべきかやらせなくてもよいかで，後者を選んだ。

　なお，改善命令に踏み切った決め手としては，度重なる違反，違反に対する G の対応が芳しくなかったことに加え，さらに G に対する苦情があったことも挙げられる。G からの排水は直接海へ流れており，排水処理がうまくいっていなかったため，見た目も濁っており，悪臭がしていた。船の積み下ろし作業など海岸付近で仕事をされている方から，悪臭について市へ苦情があった。排水が改善されれば悪臭の問

題も改善するのでは，ということで改善命令をかけた．

【事例 8.】畜産業者 H の事例（排水基準違反・改善命令）

H は畜産系の農家である．採水検査の結果，BOD，SS が排水基準を超過し違反となった．違反の程度が大きく，基準値をかなり超えていたので，改善命令を行った．

違反の原因としては，畜産系排水を処理する排水処理施設（大きな浄化槽と考えてもらってよい）の部分的故障であった．しかし，H は処理施設の故障が分かっていたにもかかわらず，修理を先延ばしにしていた．そのようなところに，市が立入採水調査を行い，違反が発覚したのである．

修理が遅れていた理由を尋ねると，H は，業者［処理施設のメーカー］が言うことを聞かない，という．市が当該メーカーにも問い合わせると，「オーナー側がね…」という話をする．

畜産系農家だと，環境に対する意識が低い人もいるし，金銭的費用の面で，そこまで工面できないということもあり，修理に難色を示した，という背景があるのだろう．

故障修理はもちろん，将来への対策として，維持管理体制の確立を図った．H とメーカー間でいざこざが起きるのは，どのような違反・事故が起こったときに，どのような対応を双方が取るかが，決まっていないからだろう，そこをしっかりと決めるように，という話を市はした．H の排水処理施設メーカーは北海道の業者であり，機械が故障した際は北海道から H のところまで業者を呼んでいたという．一方，排水処理施設の管理については，市内の業者と契約していたため，なぜその管理会社に修理も頼まないのか，という話をした．よって，故障した場合も，市内にある，処理施設管理会社に修理を頼むことにしたそうで，その旨の報告を受けた．

現在は正常稼働中であり，違反改善後立入に行ったが問題はなかった．

以上紹介した【事例4.】から【事例8.】までの5つの事例は，いずれも，排水基準違反についてのものであった。【表1.1】，【表1.2】にある通り，ほとんどのすべての排水基準違反に対し，文書による行政指導が行われる。そして大抵の場合，被規制者は，結果的には文書による行政指導に従い，違反を是正している[70]。具体的にどのような改善策をとるか，という点に関して，被規制者の中には，素直に指導に従い費用のかかる改善計画を提出するところもあれば，金銭的な面から，費用のかかる改善対策について当初は消極的な被規制者もいる。その場合，行政によっては，まず被規制者には何が求められており，何がすべきことなのかを理解してもらい，また，根本的な改善対策をしないことは当該被規制者に対してもデメリットになることなどを伝えて，説得を行う。

　行政のとる行動は，違反に対し被規制者がどのような対応を取るかによって，異なる。行政は，被規制者が違反改善に，誠実に取り組んでいるかどうかを見ている。指導によって，すぐに原因究明を行い，対策を講じる限りにおいては問題はないが，そうでない場合には，改善命令や一時停止命令を視野に入れつつ，立入を何回も行うなど，強く指導が行われる[71]。

　排水基準違反に対しては行政指導で対応されることが通常だが，まれに，改善命令が発動されることもある。改善命令については，各自治体において考え方に多少の差はあった。

1.2.3　行政による執行過程の特徴

　上では，水濁法執行の一般的な流れを概観し，いくつかの事例も紹介した。上記では詳しく触れなかった部分も含め，行政による水濁法執行過程の特徴について，まとめてみよう。

---

[70] 「企業は，違反の是正それ自体について，渋るということはない。『基準を超えたので是正してください』と言えば，企業は従う。」と，ある自治体職員は語る。
[71] 注57も参照。

行政による執行について，まず指摘できる点は，基準違反に対し行政指導を多用していることである。法の規定では，排水基準違反に対し，改善命令を発動したり，警察機関へ告発することは可能である。しかし，実際には，権限があるからといって，些細な違反に対してもリーガリスティックに対応しているわけでは，決してない。むしろ，基準違反に対し，行政は粘り強く指導により違反の是正を求める。そして，大抵の場合，行政指導で違反は是正されるのである。

 また，行政指導を受け，具体的にどのような対策を講ずるかについては，被規制者の意向や能力が大きく影響する。指導では，被規制者側が改善案を提案し，また自治体によっては，被規制者提案の改善案に対し，行政側が注文をつけたりして，違反改善の具体的な対応が決まる。改善には費用がかかることも多いが，行政は費用を出費させること自体が目的ではなく，違反が是正されることが目的なので，安価に違反が改善される方法があるのならそれでよいと答えている。とはいえ，被規制者が事前に提案した改善策は不十分だと判断されたり，被規制者側提案の改善対策を行っても違反が是正されない場合には，行政はその都度，さらなる改善対策を取るように求める。

 被規制者の自発的な遵守や行政への協力を促すには，行政指導を通じて被規制者と協力的関係を維持した方が有効である，と考えられている点も指摘できる[72]。話しやすい雰囲気を作るように心がけていると答えた自治体もあった。その自治体は，行政にもたらされる企業の情報を少しでも増やすため，と答えている。

 また，ある自治体職員はこのように話す。

　　「企業に対し，違反をとがめるのではなく，一緒に問題を解決しよう，というスタンスで接している。」

　　「事業者の気持ちをつかむこと，が大切だと思う。そのためには本音で接することだろう。性悪説に立って企業と話をしても，そのことは企業側にも分かるので，企業はいい気はしないし，何も語ってくれない。性善説に立ち，企業と一緒にやっていこう，というスタンスで

---

[72] 北村（1997）も同様。

ある。もちろん、規制をしないということではない。」

「うちとしては、まず、なぜこのようなことを要求しているのか、理論的に説明し、企業に納得してもらった上で、ある行動をするように要求している。」

「例えば、バクテリアが元気かどうか、市は顕微鏡で見てあげられるし、もしくは企業に顕微鏡の見方を教えてあげることはできる。このように協力的姿勢をみせる。」

他にも、被規制者の自発的遵守に頼らない場合、違反を取り締まるには多くのコストがかかる点も指摘できる。立入検査は年に数回であり、被規制者を絶えず監視しているわけではない。特に総量規制の場合は、立入検査という一回のピンポイントの検査をしても遵守しているのかどうか、わからないため、被規制者のモラルに頼るほかはないという。被規制者の遵守意欲を引き出すためには、例えば以下のように回答した自治体もあった。排水基準が100として、採水検査の結果が200だったとする。指導後再度検査したら120であった場合、まだ違反であるが、一方で80分を削減したことは評価し、では今度は100まで減らせないかという風に、さらなる企業努力を促すという。

行政指導の多用については、企業を倒産させてまで、改善命令を出して遵守を強制するのはいかがなものか、という考え方が行政には強い場合があることも指摘できる。被規制者の事業活動の保護が、水濁法の明文目的以上に重要視されている傾向がある。厳しく規制の執行をしすぎると、被規制者が倒産してしまうから、あまり厳しくするのも適切ではない、と答えた自治体もある[73]。行政としては、行政指導で違反を是正してくれればそれでよいという。現在、違反のほとんどが生活環境項目であり、人体の健康に被害を及ぼす健康項目の違反が大変少なくなってきていることも、上のような考え方の一因と考えられる。いわゆる調和条項[74]が削除された現在においても、行

---

[73] 地場産業による雇用確保や納税、また議員や首長の選挙対策等、の考慮がされているのであろう。

[74] 1967年成立の、公害対策の基本的方向を定めた「公害対策基本法」では、その目的として「生活環境の保全については、経済の健やかな発展との調和が図られるようにする」という経済調和条項がおかれていた。しかし、1970年の公害国会（水濁法が成立

政は被規制者の事業に配慮して，法律・条例で定められている基準を厳格に執行していないという傾向がみられることは，事実である。

　被規制者と協力的な関係を維持することは，立入検査の際など，行政と被規制者が直接会う際にも，意識されていた。採水立入検査の際，行政は採水作業を行うのみならず，被規制者と「立ち話」，「雑談」を行い，情報交換をしている。会話の内容としては，特定施設や排水処理施設の調子具合から始まり，操業の現状や今後予定している施設変更，当該被規制者の景気の調子，に至るまで幅広い。また，法律・条例の変更（規制物質や排水基準など）の際には，変更の旨を郵送することが通常だが，立入検査の際に口頭で確認することもある。被規制者の方から，排水処理に関して相談を受けることもある。ある自治体職員は言う。「排水処理に苦慮している事業者さんに対しては，同じような状態の他の事業者さんで，どういう工夫をしていて排水処理をしている，ということは情報提供ということで，定期立入の際にお話したりします。」

　被規制者と接触する際には，協力的姿勢を見せ，円滑なコミュニケーションを取るようにしている，と答えた自治体が多い。行政が立入検査等で被規制者を尋ねると，規制対象となった最初の頃は，被規制者は市から指摘を受けないように，ピリピリした雰囲気で立入検査が行われるが，市が協力姿勢を見せ，徐々にコミュニケーションが取られるようになると，話やすい雰囲気ができるという。被規制者は，当初は，重箱の隅をつつくように色々怒られるのではないか，と思っていても，最初に市が協力姿勢を見せると，被規制者もそれに応え，協力姿勢をとる，という[75]。

　「たとえば，そこが全く新しい今年新設の事業場で，どうか，とい

した国会でもある）において，公害対策基本法は一部改正され，この経済調和条項は削除された。この調和条項の削除は，公害対策に関するパラダイムの転換と評すべき象徴的な変更であった，とされる（大塚 2006）。よって，水濁法は，「水質の汚濁の防止を図り，もって国民の健康保護と生活環境を保全する」ことのみが明文の目的である。

[75] ある自治体では，被規制者は，何か疑問が生じたら，すぐに市へ相談したり，企業の自主検査で排水基準を超えてしまった場合も，市へその旨連絡するという。その場合，市は口頭による行政指導を行う。

うことになると，ちょっと向こうもガードをしているかな，というニュアンスは見えるけどね。」「新しくできたばっかりのときは，ちょっとやっぱり警戒心を持っていますよ。」

「『とっていこうなんて思っているわけじゃないから。そんなに厳しくないよ，今は。』というような話をしながら」警戒心を取り除く。新設事業者の場合，「最初に新設の届出を提出して，届出の確認に行って，で接するくらいだから，まだ二回か三回しか会ってない。それに新設の届出に来た人と現場担当者が違う場合があるから。3年くらいですかね，立入をしていけば，その担当の方とは結構顔見知りになるからね，そのときにはあんまりガードなく，現場担当者の方とはお話できるようになると思っているんです。向こうも，市から何の情報を得ればいいのか，だんだん分かってくるからね。うちも悪いことばっかり言っているのではなくて，たまにはいいことも言うんですよ。向こうにとってね。向こうのためになることも，たまには言うんですよ。こういう項目が今度規制に入るから，気を付けてくれとかさ。」

また，別の自治体職員は次のように言う。

「信頼関係を作ろうとはしてますね。一方的になっちゃうと，何でも一方的になっちゃうんで，お互いうまくやっていかないと，かたっぽ規制する方，かたっぽ規制される方といううことで，そのとおりやっちゃうと，逆に向こうが出してくれるものも，隠されてしまいますから。」

このように，行政は，協力的な姿勢を見せることで，被規制者の自発的規制遵守の促進や，すみやかに違反が是正されるよう，また，将来の違反防止のために，協力的，協調的な関係性を構築している。これが，行政による執行の第一の特徴である。

第二に，違反の際の被規制者の対応によって，その後の行政の対応も異なる点が挙げられる。被規制者が違反を真摯に受け止めて改善しようとしているかを，行政は見極めようとしている。ある自治体職員は次のように話す。

「担当者と話している掛け合いの中で，やる気があるのか，やる

気がないのか,」ということを見る。「違反に対し,小手先だけで対
応しようとするような,ちゃらんぽらんな考えを持たれると,根本
的な問題が置き去りにされてしまう。」「こちらも,ある程度分かり
ますからね,ちゃらんぽらんでやられると。」

別の自治体職員も同様の回答をした。

「相手の意思,相手がどのくらい真剣に,違反について考えてい
るか,相手がどれくらい本気で取り組むか,が一番重要です。すで
に相手が一生懸命やっていることについて,追い打ちをかけるよう
な命令は特段必要ないのかなと思います。ただ,相手が動かない場
合には,命令が必要になる。」

一度の文書指導によって,違反原因の究明と,改善策が講じられているの
ならばよいが,そうではない場合も,数は少ないながらある。その際は,改
善命令が視野に入れられ,立入も複数回行われる。「工場・企業へ行くこと
によって,相手に対するインパクトは変わってきますんで,最近どうですか,
と企業へ行くだけでも,かなり違ってくると思うんですよね。たびたび市が
立入に来ると,現場担当者の方が,何かしようか,と動いてくれることを期
待している。」,とある自治体職員は話す[76]。また,現場担当者のみならず,
上司や工場長,社長など管理職とも会い,話をすることもある。

第三に,行政と被規制者とは,届出や相談,立入検査,セミナー等を通じ,
恒常的かつ長期的な関係にあるという点も,行政による執行の特徴の一つで
ある。水濁法の被規制者は,一度規制対象になると,規制対象である特定施
設を使用する事業を止めるか,他自治体へ移転しない限り,被規制者として
あり続ける。そして,水濁法の被規制者とは,その土地に工場や施設を構え,
操業している事業者であるから,移転はほぼ起こらない。よって,一度被規

---

[76] 注57も参照。他にも,以下のような回答もあった。「管理日誌を見せてくれ,と言
う。見る権利はこちらが持っていますから。管理日誌をつけていないと,『つけていな
いの?』と言うだけでもプレッシャーにはなる。」「採水だけが主ではない。企業へ行
くことは,かなり重要なものがある。今言ったように,日誌を見るとかはできる。だ
んだんコミュニケーションが取れてきて,企業も『実はこうだった』という話が聞け
れば,いい方向へ向かっていくと思うんですよね。実はお金が厳しいことについて打
ち明けられると,では違う方向を考えましょう,と市も提案できる。」

制者になれば，当該事業者が存在する限り被規制者であり続けると考えてよい。このように，規制者たる行政と，被規制者たる企業の関係は長期的である。

また，行政と被規制者は，直接面と向かって会う機会がある（被規制者によっては頻繁にある）ため，両者は当然顔見知りの間柄になっている。

一方で，第四に，13条の行政命令発動の可能性をうまく利用している自治体がある点も，指摘しておかなければならない。いくつかの自治体は，13条に規定されている行政命令を実際には発動しないが，13条の必要性そのものは認めている[77]。違反が連続している場合，「次にもう一度基準を違反した場合には，改善命令を発動し，企業名も公表することとなる」と伝えたり，「わが市では，排水基準を三回連続して違反した場合，改善命令を出す」，と公言している自治体もある。被規制者に上記のように伝えたからと言って，必ずしも改善命令を出すつもりがあるとは限らないが[78]，すみやかな違反是正を促すために伝える。

このように，実際は発動が極めてまれな行政命令ではあるが，13条の存在は極めて大きい。行政指導についても，その背後には行政命令があるから，被規制者は指導に従っている，と認識している自治体もある。

以上のような，行政による水濁法執行過程の実態は，なぜ生じ，そしてどのような説明が可能なのであろうか。なぜ行政は，被規制者と，立入検査や行政指導を通じて，協力的，協調的関係を構築しようとするのだろうか。なぜ大抵の被規制者は，規制を遵守し，また，違反した場合も，従う法的義務のない行政指導に従い，違反を是正するのであろうか。2章以降では，水濁法執行過程の実態が，理論的にどのようなメカニズムとして説明できるのか，行政と被規制者2者間の相互作用性に着目しつつ，考察する。しかし，その前に，水濁法執行に携わっている，もう二つの組織——警察と海上保安庁—

---

[77] 六本（1991: 37）の知見と同様。
[78] ある自治体職員の話である。「悪い企業だと，『次は改善命令を出し，企業名も公表することとなる』と伝えることもある。しかし，実際は出さない。」

一の水濁法執行の実態も，概観しておく。水濁法の執行は行政のみが携わる構造になってはいないため，水濁法執行の全体像を把握するためには，警察と海上保安庁も見ておく必要があろう。また，行政と2つの司法警察機関の連携の有無についても言及する。

1.3 司法警察機関による規制執行とその特徴

1.3.1 司法警察機関による，水質汚濁防止法の近年の施行状況

警察と海上保安庁による，近年の水濁法施行状況は，【表1.3】にまとめられる。統計数は，警察，海上保安庁の全国での検挙・送致件数である。

【表1.3】警察と海上保安庁による近年の水濁法施行状況

		平成15年	平成16年	平成17年	平成18年	平成19年
警察	検挙事件数	8件	2件	6件	5件	10件
	検挙人員	6法人12人	1法人2人	6法人9人	5法人7人	9法人20人
海上保安庁	送致件数	19件	8件	18件	10件	13件
	送致人数	27人	24人	24人	20人	24人

<出典> 警察庁資料，『海上保安年報』より。
＊　警察，海上保安庁とも年内1月〜12月で〆ている。

【表1.3】のとおり，全国での総計で，水濁法での検挙・送致件数は，警察では10件以下，海上保安庁では10件前後であり，件数はごくわずかである。これは，他の犯罪の検挙・送致件数と比較すると，より実感できる。水濁法と同じ環境犯罪事犯のうちの，廃掃法の検挙・送致件数と比較すると，水濁法の占める位置がよくわかる。廃掃法の検挙・送致件数は，平成19年において，警察では検挙6107件，海上保安庁では送致115件であった。また，海上

保安統計年報平成19年によれば，海上保安庁全体の犯罪送致件数は7476件，水濁法を含む海上環境法令での送致件数は652件である。よって，水濁法の送致件数は，海上環境法令中の約2%，全体の送致件数の中の約0.1%である。

このように，水濁法執行全体における，警察と海上保安庁による執行の占める割合は，ごくわずかであることがわかる。司法警察機関へのインタヴュー調査においても，水濁法の取締活動は盛んではない旨の回答であった。水濁法の執行は，行政によって担われているとみてよいだろう。

以下では，件数はごくわずかであるものの，水濁法執行を担当していることから，警察と海上保安庁が実際に水濁法の執行をどのように行っているのか，インタヴュー調査をもとに簡単に概観する。調査の対象は，警察庁と千葉県警察，海上保安庁本庁と横浜海上保安部である。対象機関の少なさにより，知見に限界があることは，自治体の場合と同様である。しかし，中央で指揮・監督を行っている警察庁，海上保安庁をも調査対象としているため，組織全体の考え方もある程度はカヴァーされていると思われる。なお，両機関とも，検挙・送致件数が年間10件前後であるため，当然，過去数年間水濁法で検挙・送致したことがない，県警や海上保安部，保安署も存在する。したがって，インタヴュー調査においては，過去1,2年の間に，実際に検挙した実績のある県警，海上保安部を調査の対象にした[79]。

1.3.2 警察による水質汚濁防止法執行

(1) 警察による水濁法執行——生活経済課

警察組織の中で，水濁法執行を担当している部署は，通常生活経済課と呼ばれる部署である。この生活経済課は，環境事犯のみならず，保健衛生事犯（食の安全や薬事法違反など），ヤミ金，マルチ商法など，消費者行政に関わ

---

[79] なお，警察は河川であろうと海であろうと取締活動が可能であるが，海上保安庁は海上での活動に限られる。とはいえ現実には，海上（水濁法の場合は臨海部）での違反については，情報の豊富さのために，警察よりも海上保安庁が扱うことが多い。警察が検挙する水濁法違反は，河川に排出水を排出した場合が多い。

る犯罪も扱っている。規模の大きい警察本部（全国で8都道府県）では，生活経済課がさらに二つに分かれており，環境事犯がメインの部署も設置されてはいるものの[80]，ほとんどの県警では生活経済課一つで幅広い業務に対応している。また，たとえ環境事犯専門の部署があったとしても，廃棄物事犯に多くの時間が割かれていると推察する。

筆者がインタヴュー調査対象とした警察庁と千葉県警察のうち，千葉県警察は，水濁法違反の検挙数が相対的に多い。平成19年の警察検挙数10件のうち，6件が千葉県警察によるものである。平成18年，平成17年にもそれぞれ1件ずつ検挙している[81]。千葉県は不法投棄が多く，県警も環境事犯対策に力を入れており，体制が整っていることが，その理由として挙げられる。

(2) 違反発見の端緒

違反発見の端緒は，主に警察独自で行う内偵によるもので，市民からの通報は少ないという。これは，違反が明らかで市民からの苦情も多い不法投棄に比べ，水濁法違反は，違反証拠が流れてしまい，市民に気づかれにくいためと考えられている。したがって，警察による違反発見は，偶然に違反を発見したというよりは，積極的な捜査を通じたものであることが多い[82]。水濁法の執行には化学的知識などの専門性が必要となることから，だれにでもできる執行ではないという。業者によっては，夜間に排出したり，簡単に採水できないように，公共用水域への排出口を下に向けているなど，悪質かつ巧妙な手口を行うものもいるという[83]。また，検挙した事業所から，さらに違反していると思われる事業所を知らされることもあった。違反の証拠獲得のためには，複数回，排出口からの排水を採水し，検体を分析して排水基準を超えていないかどうかを調べている。警察としても，継続的な違反であるこ

---

[80] 千葉県警察では，平成14年に環境事犯を専門とする環境犯罪課が設置された。
[81] 平成20年においても，全国で検挙件数6件のうち，3件が千葉県警察によるものだという。
[82] 例えば私服警官による夜間の見回りなど。
[83] 内偵が進められていることを知り，見張り役をつけたところもあったという。

とを示すため，嫌疑を確認するためには数か月を要する。

千葉県では，食品加工業の事業者による違反が多いという[84]。廃水処理施設のランニングコストやメンテナンス，汚泥の処理にかかる費用の削減が，主要な違反の原因であると認識されている[85]。同規模，同業種の事業所を以前に検挙した経験があると，その経験をもとに，事業所の規模と排出量の関係など一定の予想は可能である。また，違反項目によって取り締まりに差はない。生活環境項目の違反の方が相対的に発見しやすく，一方有害物質の違反は目に見えず無臭であるため，捜査も空振りに終わることもあるという。

(3) 違反発見後の対応

排出水の分析は，科学捜査研究所が行う[86]。内偵を進め違反の証拠固めができ次第，強制捜査，検察送致という流れになる。警察が扱う違反事業者は，ほぼすべてが過去に行政からの行政指導を受けているという。理想は行政指導により違反が改善されることだが，行政指導には聞く耳を持っていない事業者が結果的に警察のもとに来るため[87]，警察は行政警察活動による指導・警告ではなく，検察送致で対応していると回答した。違反を発見した場合，送致しないことはないという[88]。また，悪質性があるかどうかで，逮捕か書類送検かの判断がなされる。

発見した違反の対応を行政に任せ，警察は手を引くということはない。また，警察が発見した違反事実は，ほとんどの場合，行政は認知していない。

---

[84] 例えば，豆腐製造業など，水を大量に使用する事業所による違反が多いという。
[85] 具体的には，浄化槽が壊れており処理していない排水を夜間に排出していた，浄化槽にたまった汚泥を排出した等。
[86] ただ，有害物質については，民間委託の可能性はある。
[87] 違反を行う事業者は，行政の担当者がどのような執行を行う人なのかという点を見ており，また行政の行う立入検査は年1，2回であるため，その立入検査が近づくと遵守するが，検査が終わるとまた違反を再開する，と警察は考えている。
[88] とはいえ，送検までには一定程度の可罰性は必要であると考えられている。これは，内偵期間で違反がどれほど確認できたかによるだろう。

1.3.3 海上保安庁による水質汚濁防止法執行[89]

(1) 海上保安庁——特別司法警察

　海上保安庁は，海上において，人命及び財産の保護，並びに法律違反の予防・捜査・鎮圧をするため，国土交通省の外局として，1948年に設置された。本庁および全国11管区からなる組織である。海上保安庁の業務は，海上の治安確保や海難救助，海上交通整理など，幅広い。

　執行の最前線は，各管区の海上保安部，海上保安署である。保安部，保安署のうちの，警備救難課が水濁法執行を担当する。この警備救難課は主に，海上犯罪の取り締まりと，海難救助を担当しており，業務の幅は広い[90]。

　なお，横浜海上保安部による水濁法による検挙件数は，平成19年は0件，平成18年は3件，平成17年も3件である。

(2) 違反発見の端緒

　違反発見の端緒としては，①通報，②パトロール中の発見，③計画的な採水調査，という三つがある。その中でも，②パトロール中の発見と，①通報が多くを占めるという。沿岸のパトロールは，日常的に行われている。これは，水濁法違反を見つけるためのものではなく，一般的に何か事故や問題が発生していないか，巡視艇で巡回するものである。その最中に，白濁した排

---

[89] ちなみに，先行研究において，海上保安庁による水濁法執行は，取り上げられていない。
[90] 警備業務のうち，送致件数は，多い順に，海事関係法令違反（船舶安全法違反など），漁業関係法令違反（漁業権侵害など），刑法犯，海上環境関係法令違反，となっている（海上保安統計平成19年による）。なお，規模の大きい海上保安部・保安署には警備救難課の下に海上環境係が設置されているが，そうでない場合には，海上環境犯罪の取締は警備係が兼任する，という形をとる。なお，統計によると，管区によって，水濁法による送致を頻繁に行っているかどうかには，若干の差が見られる。過去5年間のうち，第三管区（茨城県から静岡県に至る海域を担当）や第七管区（九州北部）は毎年連続して送致件数がある一方で，一件も送致していない管区もある。これは，水濁法執行に手が回せるかどうかや，水濁法執行の体制が整っているか，当該地方で沿岸部に特定事業場が多いかどうか，などが関係しているのだろう。

出水を発見したりすると，採水を行い，違反が発見される，という流れである。①の通報は漁業従事者など海事関係者からが多いという。③の採水調査とは，本庁が実施日を決め，全国一斉に行う，水濁法のための採水調査[91]である。また，管区ごとに行う場合もあるという。各管区や保安部は，自身の管轄内における特定事業場と，排水口を把握している。

健康項目と生活環境項目で，取り締まりに差を設けてはいないという。しかし，生活環境項目の方が，海水の変色や汚濁，臭いなどがみられるため，パトロール中に発見しやすいという点は，警察同様指摘された。

(3) 違反発見後の対応

採水の分析は，管区がもつ分析機器や海上保安試験研究センター等によって行われる。その後内偵が進められ，証拠固めができ次第，強制捜査，検察送致，という流れになる。内偵を進めたが，証拠が不十分で強制捜査，検察送致まで行かない場合もある。

排水基準を超えていたら，画一的に，捜査し，送致する，ということが，海上保安庁の基本的な方針である[92]。水濁法の直罰規定を厳密に守っていることがうかがえる。違反企業の規模や違反項目，違反の程度，などは原則的に考慮されない。見つけた違反の対応を行政に任せ，海保はその事案から手を引く，ということもしない。また，すでに行政が先行して当該違反企業の違反を発見し，行政指導を行っているかどうか，も考慮しないという。行政活動と捜査機関たる海上保安庁の活動はそれぞれが独立している，という認識からである。とはいえ，インタヴュー調査回答者の経験では，行政が先に当該違反企業の違反を知っていた，ということはなかったという。

このように，海上保安庁の水濁法執行は，直罰規定にのっとり，厳密に行

---

[91] 採水調査は抜き打ちで行われる。海から，または任意で事業所内に立入り，採水を行うという。
[92] 海上保安庁は，現場に対し，「海上保安官捜査必携」という手引書を配布しており，法律の捜査手法について，一定の指示をしている。海上環境事犯に対しては，また別の手引書も存在するという。本庁から全管区に配布しているものであり，捜査手法は基本的に全国共通だということである。

われているといえよう。

　送検した後，起訴になるかどうかは，検察の判断である。起訴の場合も，略式命令となる場合が多いという。

1.4　行政機関と司法警察機関の連携の有無

　インタヴュー調査対象の自治体は，地理的に，海上保安庁の組織での第三管区に所属する。統計によると，第三管区では，過去5年間毎年，水濁法違反による検察送致が行われている[93]。また，警察によっても，水濁法違反に伴う送検は行われていた[94]。それゆえ，行政と警察・海上保安庁の接触はかなりまれではあるものの，発生している。以下では，行政機関と警察・海上保安庁の関わりについて，簡単にまとめる。

　捜査機関は，「捜査については，公務所…に照会して必要な事項の報告を求めることができる」（刑事訴訟法197条第2項）。したがって，この照会を受けて，行政は，捜査機関が捜査をしていること，捜査の対象企業名など，具体的に知ることとなる。ある自治体は，照会は年に二回程度あると答えている。主に，下水の整備されていない臨海部の企業が対象となっているという。
　複数の自治体から，捜査機関が強制捜査を行うまでは，市は介入しない，という暗黙のルールがある，という回答を得た。よって，強制捜査が終わり，その旨連絡を受けてから，行政は立入検査・行政措置に着手するという。特定の事件を前提としない，一般的な情報交換はあるか，と尋ねたところ，数年に一度届出のリストを渡してほしい旨の問い合わせは司法警察機関からくると答えた自治体はあったが，情報交換は基本的にないという[95]。

---

[93] 平成19年の送致件数は，第三管区においては4件。
[94] 横須賀市においても，平成19年に警察によってクリーニング業者が逮捕された。ただ，それ以前の逮捕事例については把握していないほど，まれな事例である。
[95] なお，廃棄物関連では，行政と司法警察機関の間で，会議等の定期的な情報交換の場が設定されている。

なお，行政は，採水検査により排水基準違反を発見しても，それを警察・海上保安庁には告発しない。実際，警察・海上保安庁とも，行政からの告発はないと回答している。

また，水濁法執行に関する定期的な情報交換もなく，刑事訴訟法197条2項の照会が，行政との初めての接触となると，司法警察機関は答えている。照会に際しては，必要最低限のことしか行政には伝えない。

このように，水濁法執行において，司法警察機関と行政との間には，綿密な連携があるとは言えない[96]。これには，そもそも司法警察機関が水濁法執行を行うのが稀であることも反映されているのだろう。

1.5　本章のまとめ

本章では，まず水濁法を紹介し，行政（自治体）や警察，海上保安庁によって，水濁法が実際にどのように執行されているのか，その点を主にインタヴュー調査に基づいてみてきた。水濁法には直罰規定があり，警察と海上保安庁が直接，執行に携わる機会が設定されている。インタヴュー調査によれば，警察・海上保安庁は，直罰規定を厳密に解し，違反が発見されれば，原則として捜査，検察送致を行う。しかしながら，実際に警察と海上保安庁が扱う水濁法事犯は，統計のとおり極めて少数である。調査によれば，水濁法取締活動自体も，盛んではなかった。水濁法の執行は，ほぼすべて，行政によって担われていると言ってよいだろう。

行政の執行については，すでに1.2.3でまとめているので，ここではごく簡単に記述するに留める。まず，行政による採水検査によって，排水基準違反が発見される。遵守している被規制者は多いが，その一方で排水基準違反は一定程度数（約1割前後），毎回生じている。その違反に対し，行政はもっぱ

---

[96] 千葉のJFEスチールの事案においては，行政と千葉海上保安部は共同で作業を行ったという。なお，警察と海上保安庁との水濁法執行の連携についても尋ねたところ，両者とも特にないと答えた。

ら行政指導により，違反を是正させる点が，行政による水濁法執行の最大の特徴である。法の規定では，排水基準違反に対して，改善命令等の行政命令を行うことは可能であるが，実際には，行政命令という法規定措置はごくまれにしか使用されない。そして，被規制者は行政指導に従い，違反を是正する。違反判明後は，行政と被規制者間の話し合いを通じて，被規制者による対応策の提案や，行政による対応策の追加提案がなされ，違反是正に向けた具体的な対策が決定，対策が取られる。行政指導や，立入検査を通じて，行政は，被規制者と協力的，協調的関係を醸成しようとしている(詳しくは1.2.3を参照)。また行政は，届出や立入検査などによって，被規制者との継続的，かつ，長期的な関係を持つ。立入検査の際の「立ち話」「雑談」など，直接面と向かって話がされる機会も少なくない。

以上で見てきた，執行過程の特徴は，先行研究の知見とも一致している点が多い。行政による水濁法執行には，恣意的ではない，ある一定の共通した特徴がみられる。その中でも最も特徴的な点は，排水基準違反に対しもっぱら行政指導で対応していること，換言すれば，法的措置が極めて稀にしか行われず，規制活動が協力的・宥和的な態度を基調としているという点である[97]。行政は「企業に対し，違反をとがめるのではなく，一緒に問題を解決しようというスタンス」をとっている。それにも拘らず，遵守率は高く，また指導によって違反が是正される場合がほとんどであった。このような特徴は，約15年以上前に行われた先行研究[98]と同様である。つまり，水濁法執行の現場においては，少なくとも15年以上，上記の状態が維持されているのである。

この特徴，そして，上で見てきたような，行政による水濁法執行過程は，なぜ以上のようなものなのか，そしてどのような理論によって，説明し理解できるのであろうか。これについて次章以降で考察する。

---

[97] なお，行政指導によって命令を出す場合と同じ効果が生まれているという積極面，もしくは指導による是正率が芳しくないにも拘わらず，公式的対応がされない，という消極的面，のどちらが生じているかということは，ここでは問わない。
[98] 六本(1991)の調査は1985年秋から1986年春にかけて行われた。北村(1997: 第2章)の初出は1991年であり，調査は1990~1991年に行われた。

規制執行過程を見る際は，行政側だけではなく，相手方として被規制者が存在するという，相互作用性を意識する必要がある。すなわち，規制執行活動の実体は，相手方被規制者が行政の働き掛けに対し，どのように反応するのか，また，被規制者の行動に対し，行政はどう対応するのか，といった行政と被規制者の相互作用であるといえる。まずは，水濁法という規制法執行の一般的な場面を想定，モデル化し，それを踏まえた上で，上記の特徴を説明することを試みる。

第 2 章　環境規制法執行過程のゲーム・モデル

2.1　ゲーム理論による分析が有用な理由及び分析の仮定

2.1.1　ゲーム理論を用いる理由

　本書では，水濁法という規制法の執行過程を見る際に，ゲーム理論を分析ツールとして使用する。

　規制法の執行過程は，規制者たる行政と被規制者たる企業との，相互作用である[99]。すなわち，規制執行過程では，行政と被規制者のとる行動は，お互いに影響を及ぼし合っており，行政がどのような行動を取るのかは，被規制者の行動に依存し，一方で，被規制者がどのような行動を取るのかは，行政の行動に依存しているのである。

　簡単な一つの例をあげてみよう。行政は，被規制者が規制に違反するのなら規制を厳しく執行するが，被規制者が規制を遵守するのなら厳しく執行しないかもしれない。つまり，被規制者が規制を遵守するか否か（＝被規制者の行動）によって，行政の最適行動は異なる。一方，被規制者の側も，行政が規制を厳しく執行するのなら規制を遵守するよう注意を払うが，行政が規制執行を厳しく行わないのなら，規制遵守をなおざりにするかもしれない。あるいは，被規制者は，行政が厳格に規制を執行すると，行政に対し反感を持ち違反の隠ぺいを図るかもしれない。行政がどの程度厳格に規制を執行するか（＝行政の行動）によって，被規制者の最適行動も異なる[100]。

　このように，規制執行過程では，行政，被規制者とも，自分のとるべき最適行動は，相手の選択する行動に依存している。規制執行がどのような結果・

---

[99] 森田（1988），北村（1997），西尾（2001: 213-225）も，規制執行過程は行政と被規制者の相互作用であることを指摘している。
[100] 上で記した状況は，一つの例に過ぎない。

現実状態に帰着するかは，規制者，被規制者がそれぞれ，相手のとるであろう行動を予測し勘案しつつ，自己の行動を決定するというプロセスを経る。

さて，ゲーム理論[101]は戦略的相互作用の状況をその分析対象としている。戦略的状況とは，自分の利得が相手の採る戦略に依存しており，相手の利得が自分の行動に依存している状況をいう。すなわち，自分にとっての利害が，単に自分がどう行動するかだけではなく，相手がどう行動するかに依存して決まる状況が戦略的状況である（梶井 2002）。そして規制執行過程は，まさにゲーム理論が分析対象とする戦略的状況に他ならない。上で述べたように，行政と被規制者は，お互いに相手の出方に応じて，自分のベストな対応が変わるからである[102]。このように，規制執行過程は，ゲーム理論による分析に適合的な状況であることがわかる。

規制法の実現は，規制執行過程，つまり行政と被規制者が相対する執行現場において，行政と被規制者間の相互作用をその舞台とする。行政はどのように規制法を執行し，被規制者はそれにどのように応答しているのかという，規制執行過程に着目するならば，行政と被規制者の相互作用性はその本質部分である。規制執行過程の一般的説明を試みる際，ゲーム理論（あるいはゲーム理論的な考え方）は無視できない分析のツールであろう。ゲーム理論を使用することで，相互作用性という問題の本質に対し，より良く，説明し分析することが可能であると考える[103]。

日本において，規制執行過程を対象にゲーム理論を用い理論化を試みる動きは，始まりつつある[104]。行政は法をどのように執行しているのか，規制に対し被規制者はどのように反応するのか，なぜ行政は指導を多用するのか，

---

[101] ゲームの必要要素として，プレイヤー，行動，利得，情報がある（Rasmusen 2007）。プレイヤーとは，意思決定し行動する主体のことである。一連の行動計画を戦略と呼ぶ。ゲームのプレイヤーは，各自の目的に従ってゲームの結果を評価することができ，ゲームの複数の可能な結果に対して選好順序をもつ。プレイヤーの選好順序を数値化したものを効用，もしくは利得と呼ぶ（岡田 1996）。
[102] 西尾（2001: 222-225）も，同様の点を指摘している。
[103] 序論 0.2 で述べたように，規制法執行の相互作用性を直接把握するためには，法学はその分析手法を提供していないため，必然的に他の社会科学の方法論を要する。
[104] 規制執行過程に限らず，行政活動についてゲーム理論を用い体系的説明を行ったものとして，曽我（2005）がある。

という疑問に対し，本章では「法と経済学」，その中でも，ゲーム理論からの観点から説明を試みる。

2.1.2 分析の仮定

以下，本書で行う分析では，大きく二つの仮定を置く。一つは行政や企業など，一つの組織体を一人のプレイヤーとして扱うことであり，もう一つは，各プレイヤーは自己の利得最大化を目指し合理的に行動する，ということである。

まず一つ目の仮定として，本書では，一つの組織を一人のプレイヤーとみなす。規制法執行過程には，実際に法執行を行う地方自治体，被規制者である企業が主に登場する。地方自治体，企業は，すべて組織体で存在しており，実際の組織の行動決定に当たっては組織内部での決定がなされている。特に行政機関内部では，決裁権者の姿勢や内部的な理由によって行政の意思決定がなされることもある[105]。しかし本書では，組織内部での意思決定構造は分析の対象とせず，組織としてある行動が最終的になされたことに着目し，それを当該プレイヤーの行動とみる[106]。本書の目的は，行政の組織内部を見ることではなく，行政と被規制者間の相互作用を見ること，規制法の社会に対する機能をみることであり，その問題に焦点を絞るためである。よって，規制者側，被規制者側とも，それぞれ一人のプレイヤーとして扱い，最終的に決定された行動のみを考察の対象とする。

二つ目の仮定として，プレイヤーは自己の利得最大化を目的として合理的に行動する，と仮定する。これは合理的選択理論（rational choice theory）と

---

[105] 北村は，水濁法執行において行政指導が多用される要因の一つとして，決裁権者の姿勢や組織内部の評価を挙げている（北村 1997:40-41, 54; Kitamura 2000: 310-311）。決裁権者が違反に対し厳格に対応すべきという姿勢を持っていたという例，行政命令の発動は内部で否定的に評価されるという例が紹介されている。ただ，上記二つの例は少数派であることも記されている（北村 1997）。

[106] 規制執行をゲーム理論でモデル化した曽我（2005: 第4章）や，自治体の景観保護への対応を論じた伊藤（2006: 第10章）も行政組織を一人のプレイヤーとしてモデル化している。

呼ばれる考え方である[107]。ゲーム理論における「合理的」という意味は，直面しているゲームの構造を知っており，他のプレイヤーの戦略が決められた時，自分の利得を最大化する戦略を求めることができることをいう[108]（奥野 2008）。また，どのような結果が生じるか不確実な場合には，プレイヤーは，各結果がどの程度の確率で生じるか，主観的に予測しながら，期待効用を算出し，それに基づき行動の選択を行うとする（期待効用仮説）。

このようなゲーム理論の合理的プレイヤーの仮定については，非現実的な仮定ではないか，という批判が常に存在する。何に対して効用を認めるかによって，批判が解消される場合もあるが[109]，期待効用仮説など，心理学実験からはシステマティックに乖離している仮定もある。しかし，以下の理由により「プレイヤーは合理的である」という仮定を置く。第一に，現実においてある程度の合理性は認められるであろうということが挙げられる。行政の行動，被規制者たる企業の行動などは，一定程度合理的であると認めてもよいと思われる。第二に，仮に「プレイヤーは合理的に行動しない」と仮定したとしても，それではプレイヤーはどのように行動するのか，何らかの行動

---

[107] 合理的選択理論とは，人々の行動を合理的に選択されたものとして説明することを通じて，人々の行為の結果として生じている社会現象を説明する，という形式をもつ理論的試みである（盛山 1997）。合理的行為の概念は広く，合理的選択モデルとされている中でも，個々の対象としているモデルによって何を合理性とするかにはヴァリエーションがあることについては，（盛山 1997；飯田 2004：第2章）を参照。

[108] よって，利己的であるという意味ではない。なお，経済学でいう合理性とは，完備性や，反射性，推移性という性質を持つ選好を持ち，首尾一貫した選択ができることを指すことが多い。完備性，反射性，推移性の説明は以下の通りである。

社会状態を x, y, z とする。社会状態 x を y よりも弱い意味でより好ましいと思うとき，$x \succeq y$ と表わすとし，x と y が無差別であることを $x \sim y$ と表わすとする。

・完備性：どんな社会状態も比較できること。つまり，$x \succeq y$，または $y \succeq x$ のどちらかが成り立つこと。

・反射性：ある社会状態はそれ自体と少なくとも同じほど良いこと。つまり，すべての x について，$x \sim x$ が成り立つこと。

・推移性：$x \succeq y$，かつ $y \succeq z$ であるならば，$x \succeq z$ が成り立つこと。

[109] 例えば，ダイエットをしたいのについ甘いものを口にしてしまうということは非合理的ではない。効用の中身として，ダイエットに成功したときの満足だけではなく，今甘いものを食べることによって得られる快楽も含まれる，と定義し，その甘いものを食べる快楽が十分に大きい場合，それは合理的な行動ということになる。合理的選択理論における効用の中身は無限定である。

指針は必要とされる。そのような別の仮定をアドホックではなく設定することはかなり困難であろう。現在この仮定に全面的に代わる理論が存在しない以上，合理性の仮定には有用性がある。第三に，現実に出現している状態は，あたかもプレイヤーが合理的に行動した結果であるようになっている，という考え方もあることが挙げられる。現実の企業や人間は，実際に主観的に合理的計算をしているかどうかは別にして，外から見れば，あたかもその計算をしているかのように行動している，という考え方である（Friedman 1953；神取 2002）。この考え方からすれば，主観的に合理的であるかどうかは不問とされる。

　上記のように，本書は基本的に，合理的プレイヤーを仮定する理論的説明に軸足を置く。しかし，一方で合理的プレイヤーの仮定が当てはまらない場合の説明の必要性も，認識している。近年経済学の分野でも，経済学の合理的人間像に対し疑問が投げかけられ，行動経済学（behavioral economics）が目覚ましく発展している[110]。行動経済学では，分析対象とする経済環境を実験室などに人工的に設計し，その環境の中で人がどのような行動をするかを観察する。実験結果が従来の経済理論と整合的ではない場合もあり，心理学など他の社会科学の知見を融合しつつ，新たな発展が目指されている。本書では，行動経済学に限らず，実験など実証的研究の蓄積がある分野については，フォーマル・モデルによる理論的説明に加え，実証的研究の結果も適宜参考にしていくつもりである。ゲーム理論など「法と経済学」によるフォーマル・モデルと実証研究は，排他的な関係ではなく，むしろ補完的であり相互が有機的に関連することが事実の理解に役立つ，と考えるからである。

　このような考え方に立ちつつ，当面のところ合理的プレイヤーの仮定を設け，後にその仮定を緩めるという方向で以下進める。

---

[110]「法と経済学」の分野においても，行動経済学の視点からの論文集が出されるなど，行動経済学の重要性は認識されている（Sunstein 2000）。

2.2 行政と被規制者の2者間のゲーム

この節では,規制者としての行政と,被規制者としての特定事業場たる企業の2者で構成される執行のゲームを見る。なお,インタヴュー調査によれば,実際の水濁法執行では,行政と企業(被規制者)の2者で構成される執行過程が全体の9割以上,ほぼすべてを占めると考えてよい(【表1.3】も参照)。

2.2.1 規制執行に対するスタイルの選択——同時手番ゲーム

A 基本的構図

まず,行政と被規制者が規制執行に対してどのようなスタイルで臨むのかについて考える。法が存在していても,実際には行政はどのように規制法を執行しているのか,違反に対して法規定措置が頻繁に発動されるのか,それとも違反には行政指導で対応され法規定措置はまれにしか使用されないのか,は行政の規制法執行に対するスタイルを表しているとして理解することができる。規制執行過程研究では,規制執行に対する行政と被規制者のスタイルを取り上げることが多い。

行政の規制執行スタイルは,大きく分けて二つの極がある(Kagan 1994)。一つは,「リーガリスティック(legalistic)」,「遵守を強制(coercion)」するスタイルである。もうひとつは「宥和的(conciliatory)」,「協調的(accommodative)」なスタイルであり,法的手段を講じ遵守を強制するのではなく,説得や協力を通じて規制遵守を達成しようとするものである。同様に,被規制者側のスタイルも描写できる(Kagan and Scholz 1984)。利潤追求が最優先で冷徹な「計算を行う非道徳者(amoral calculators)」というスタイルや,規制を守ろうとする「良き市民(citizen)」というスタイルなどがある。このように,行政と被規制者の両者について,規制執行に対するある一定の態度やスタイルが想定できる。

行政が遵守を強制するスタイルであるかどうかによって、被規制者のスタイルも変化する。同様に、被規制者の規制執行に対するスタイルが、機会主義的なのか、法遵守するのかによって、行政の執行スタイルも変化するだろう。行政の執行スタイルは被規制者のスタイルに依存しており、またその被規制者のスタイルは行政のスタイルに依存している…というように、この両者の依存関係は無限に続いており、行政と被規制者関係が相互依存的であることが分かる。以下で取り上げる同時手番型のゲーム[111]は、このような行政と被規制者のゲーム関係の、基本的な構図を提供してくれる。以下では、行政と被規制者の規制執行に対するスタイルをそれぞれ選択するゲームを見る。

行政と被規制者のスタイルをめぐるゲームは【表2.1】のように表すことができる（Scholz 1984a; 1984b; Potoski and Prakash 2004 を参考に作成した）。カッコの左側が被規制者の利得、右側が行政の利得を表す。

【表2.1】行政と被規制者のスタイルをめぐるゲーム

被規制者＼自治体	抑止的法執行 Deter	協力的法執行 Cooperate
機会主義的行動 Evade	(a_f, a_a)	(b_f, b_a)
協力的遵守 Cooperate	(c_f, c_a)	(d_f, d_a)

Scholz (1984a; 1984b) ; Potoski and Prakash (2004) を参考に作成

---

[111] 同時手番ゲームでは、「同時」と書かれてはいるものの、例えばじゃんけんのように、時間的な意味で同時に行動をするという必要性はない。同時手番とは、お互い、相手の選択した行動がわからない状態で、自分も行動を選択するという状況を指す。

行政の戦略は、「抑止的法執行 (Deter)」と「協力的法執行 (Cooperate)」という二つのスタイルとする[112]。行政は上記二つの戦略から、ひとつを選択し、プレイする。抑止的法執行とは、基準違反に対し、違反の程度や原因に関係なく法の規定を厳格に適用し、サンクション[113]を加え遵守を強制するというスタイルの戦略である。水濁法でいえば、排水基準違反に対して、13条の規定により厳格に行政命令を発動する、もしくは司法警察機関に告発し刑事罰を科すというスタイルの戦略である。一方、協力的法執行では、行政は被規制者に対し協力的に振舞い、排水基準違反に対してはサンクションを課さない。それぞれの違反の状況を考慮して、サンクションによる強制よりも説得を行い、軽微な違反は見のがすというスタイルの戦略である。水濁法執行の文脈では、排水基準違反に対して行政命令を発動せず、行政指導で違反是正を促すことになる。

　企業の戦略は、「機会主義的行動 (Evade)」と「協力的遵守 (Cooperate)」という二つのスタイルとする。機会主義的行動とは、故意に違法排水を垂れ流す、行政指導を受けても従わない、排出水のデータを改ざんする等、法の趣旨に反し、機会主義的な（自らの遵守費用を節約する）行動を取るスタイルのことを指す。一方、協力的遵守とは、排水基準を守る、被規制者が行った自主検査の結果（遵守もしくは違反）を自主的に行政に報告する、行政指導に協力的に従うなど、法の趣旨に基づき規制法に従う方針をとっているスタイルを指す。

---

[112] Scholz (1984a) は抑止的法執行 (deterrence) を規則志向 (rule-oriented)、協力的法執行 (cooperation) を目的志向 (goal-oriented) と呼んでいる。
[113] なお、水濁法13条における行政命令は、法的には制裁の意図はないと解されている。行政命令は「排水基準に適合しない排出水を排水するおそれがある」場合に予定されているものであり、行政目的実現、違反行為の是正のためとされている（13条）。しかし、現実的に、刑事罰は機能しにくい点（阿部 1992)、命令を受けると一定の行為（多額の改善費用をかけて施設を改善しなければならないなど）が要求され、命令に従う法的義務が課され、命令に背くと刑事罰が控えている点がある。よって、命令を受けると一定の不利益を被るという意味で、命令にはサンクションとしての機能が実質的には備わっていると考えてよいと思われる。なお、後の第3章では、一定の不利益を与える機能を持つ法的措置という広い意味で、「サンクション」という言葉を使う。

行政の利得（効用）は，当面のところ，法目的の実現（水濁法では水質汚濁の防止）を第一に据えているとして，$a_a>b_a$ と仮定する[114]。つまり，被規制者が機会主義的行動スタイルをとる場合は，行政は水質汚濁防止という法目的の観点から，水質汚濁防止の効果が高く即効性がある抑止的法執行スタイルを選択した方が，協力的法執行をするよりも利得が高いとする。また，企業が協力的遵守を行う場合，行政の利得は $c_a>d_a$，$c_a<d_a$ のどちらとも考えられるため，以下で場合分けを行う。$c_a>d_a$ の利得構造であるとは，行政は被規制者の戦略にかかわらず抑止的法執行のスタイルを採用し，厳格に規制法執行をすることで最大限水質が保全できることが望ましいと思っている場合を表す[115]。このような利得構造を持っている行政を「規制法を厳格に執行するタイプ」，もしくは，「（被規制者の）協力を利用するタイプ」の行政と呼ぶことにしたい。一方，$c_a<d_a$ の場合とは，被規制者が協力的遵守をする場合は行政も協力的法執行を選んだ方が利得が高い場合を指す。このタイプを「条件付き協力タイプ」の行政と呼ぼう[116]。

被規制者の利得は $a_f>c_f$ とする。つまり，行政の規制法執行が抑止的スタイルならば，被規制者は，機会主義的に行動するよりも，協力的に遵守する方が利得が低いとする[117]。また，行政が協力的法執行を行う場合，被規制者の利得は $b_f>d_f$，$b_f<d_f$ のどちらかとする。$b_f>d_f$ の場合では，行政の法執行スタイルが協力的法執行である場合も，被規制者は機会主義的行動をする方が利得が高い。行政の協力的態度を利用して，規制遵守費用の削減を行い利潤を最大化しようとする被規制者が想定される。この利得構造を持つ被規制者を「（行政の）協力を利用するタイプ」と呼ぶことにしたい。一方，$b_f<d_f$ の

---

[114] 後に，行政が水質汚濁防止という法の目的を第一に考えない場合（$a_a<b_a$）を取り上げる。
[115] このような，相手の選択する戦略に拘わらず，その戦略が最適反応（つまり利得を最大化する）となるような戦略のことを，支配戦略（dominant strategy）という。
[116] ここで条件付きとしているのは，行政は，被規制者が協力的遵守を選択する限りにおいて，協力的法執行を選択する，という意味である。
[117] 法律を厳格に適用する抑止的法執行が行われると，被規制者は，協力的に規制を遵守しなくなることが実証的に明らかにされている（Murphy 2004。また，Houser, Xiao, McCabe, and Smith 2008 も参照）。また，自治体へのインタヴュー調査でも，同様の回答を得た。

場合とは，行政が協力的な法執行スタイルの場合，被規制者は機会主義的行動をとるより協力的遵守を取る方が，利得が高いタイプの場合である。この利得構造を持つ被規制者を「条件付き協力タイプ」の被規制者と呼ぼう[118]。

また，$a_a<d_a$，$a_f<d_f$とする。すなわち，行政，被規制者とも，（機会主義的行動，抑止的法執行）の戦略の組み合わせから生じる事態よりも，（協力的遵守，協力的法執行）の戦略の組み合わせから生じる事態の方が利得が高く，お互いにとって望ましいとする。（協力的遵守，協力的法執行）の戦略の組み合わせの場合，行政にとっては，被規制者が自主的に規制を遵守してくれるし，行政指導に従ってもくれる。また，規制違反に対する対応やモニタリング・コストも抑えることができ，協力的関係にあることで企業からの情報も入手できる。一方，被規制者にとってみれば，（協力的遵守，協力的法執行）の戦略の組み合わせから生じる事態では，行政は規制を厳しく取締らず，被規制者の状況を理解して対応してくれる。また些細な基準違反は許され，アドヴァイスも得られる。

行政と被規制者は，被規制者が規制対象となる事業を終えない限り，規制者・被規制者の関係は続く。よって，執行ゲームは繰り返しプレイされる[119]。

さて，行政と被規制者のそれぞれに上記2タイプのプレイヤーがいるとして，以下4つの場合分けを考える。

（1）行政，被規制者ともに「条件付き協力タイプ」である場合

行政の利得の大小関係は$a_a>b_a$，$c_a<d_a$，$a_a<d_a$，被規制者の利得の大小関係は$a_f>c_f$，$b_f<d_f$，$a_f<d_f$である。【表2.2】はこの場合のゲームを表している。利得の大小関係が分かりやすいように具体的な数字を挿入しておいたが，あくまでも便宜的なものであり，重要なのは大小関係である。

---

[118] ここで条件付きとしているのは，被規制者は，行政が協力的法執行を選択する限りにおいて，協力的遵守を選択する，という意味である。
[119] ここでは，執行ゲームの基本的構図を示すため，ゲームを単純化し，両プレイヤーの選択した行動は，1回プレイされたごとに，相手の選択した戦略と帰結が分かるとしている。情報の非対称性など，より複雑な場合については，2.2.1.D, 2.2.2以下を参照。

【表2.2】調整ゲームとなっている場合

自治体 被規制者	抑止的法執行 Deter	協力的法執行 Cooperate
機会主義的行動 Evade	(a_f, a_a) (2, 2)	(b_f, b_a) (3, 1)
協力的遵守 Cooperate	(c_f, c_a) (1, 3)	(d_f, d_a) (4, 4)

行政の利得構造：$a_a > b_a$, $c_a < d_a$, $a_a < d_a$
被規制者の利得構造：$a_f > c_f$, $b_f < d_f$, $a_f < d_f$

　このゲーム構造では，ナッシュ均衡は網で囲った二つ，つまり（機会主義的行動，抑止的法執行）の戦略の組み合わせと，（協力的遵守，協力的法執行）の戦略の組み合わせになる。ナッシュ均衡（Nash equilibrium）とは，その状況から自分一人だけが戦略を変更しても得をしないということが全てのプレイヤーにおいて当てはまっている状態のことを指す。換言すれば，ゲームのプレイヤーがみな，他のプレイヤーに対して最適反応（best response）[120]をしている状態のことを指す[121]。【表2.2】でみていくと，行政にとって，例えば，被規制者が協力的遵守の戦略を取る場合，抑止的法執行よりも協力的法執行の戦略を選択する方が利得は高いため（$d_a > c_a$），自分のみが戦略を，協力的法執行から抑止的法執行へ変えるインセンティヴは存在しない。一方，被規制者にとって，行政が協力的法執行の戦略を取る場合，機会主義的行動より

---

[120] 他のプレイヤーによって選択された戦略に対して，最も高い利得を得ることができる戦略を選んでいることを，最適反応という。
[121] フォーマルに表せば以下のようになる（Rasmusen 2007）。プレイヤーを i，戦略の組を s，利得を π とすると，

$$\forall i \quad \forall s' \quad \pi_i(s^*, s^*_{-i}) \geq \pi_i(s', s^*_{-i})$$

が成り立つとき，s^* はナッシュ均衡である。
　なお，均衡概念としては，ナッシュ均衡の他にも支配戦略均衡などがあるが，現在ナッシュ均衡が最も一般的であり広く使われている均衡概念である。

も協力的遵守を選択する方が利得が高く（$d_f > b_f$），行政と同様に戦略を変更するインセンティヴはない。よって，ナッシュ均衡は（協力的遵守，協力的法執行）という戦略の組み合わせとなる。同じように，（機会主義的行動，抑止的法執行）という戦略の組み合わせの場合も，両プレイヤーとも相手の戦略に対し最適反応をしており，戦略を変えるインセンティヴを持たない。このように，ナッシュ均衡に行きつくと誰も行動を変えようとはせず，同じ状態が安定的につづくことになる[122]。したがって，繰り返して観察される「定型化された事実（stylized facts）」や，行動パターンがあるとすれば，それは，一人だけが行動を変えても得をしないという安定性をもったナッシュ均衡になっている，という可能性が極めて高い[123]。

さて，このゲームは調整ゲーム（coordination game）と呼ばれる構造をしている。調整ゲームとは，簡単にいえば，ナッシュ均衡が複数存在している状況であり，相手の期待通りに自分が行動し，相手も自分の期待通りに行動して行動が一致すれば利得が高くなるが，不一致だと利得が低いというゲームである。プレイヤーは，複数のナッシュ均衡から一つの均衡をお互いが調整して選択する必要がある[124]。【表2.2】でいえば，プレイヤーらは（機会主義的行動，抑止的法執行），あるいは（協力的遵守，協力的法執行）の戦略の組が実現すればそれで安定するが，均衡以外の戦略の組が生じ調整に失敗するかもしれない。また，ナッシュ均衡が複数あるため，そのうちのどれが現実に生じるかは，容易には予測できないことが挙げられる（詳しくは後に扱う）。

---

[122] 他の戦略に逸脱するインセンティヴのないことを自己拘束的（self enforcing）という。ナッシュ均衡は，その戦略をプレイすることが自己拘束的になる戦略の組のことである。
[123] ナッシュ均衡がどのように達成されるのか，という点についてはオープンである。詳しくは神取（1994）。
[124] 調整ゲームの説明でよく挙げられる例として，幅の狭い道でお互いすれ違う通行者が，右側を通行するか左側を通行するか，という状況がある。このゲームの場合，純粋戦略のナッシュ均衡は（右側通行，右側通行）と（左側通行，左側通行）の二つである（ここでは簡単な紹介にとどめるため，混合戦略均衡を説明から除いている）。調整に失敗するとぶつかって気まずい思いをするが，調整に成功するとスムーズに通行ができる。このゲームの困難さは，ナッシュ均衡が複数あり，どの均衡が現実に生じるか，容易には予測できない点である。

（2）行政が「条件付き協力タイプ」，被規制者が「（行政の）協力を利用するタイプ」である場合

この場合，ナッシュ均衡は（機会主義的行動，抑止的法執行）のみである。なお，被規制者にとって，機会主義的行動を選択することが支配戦略となっている。

（3）行政が「（被規制者の）協力を利用するタイプ」，被規制者が「条件付き協力タイプ」である場合

この場合も，ナッシュ均衡は（機会主義的行動，抑止的法執行）のみとなる。抑止的法執行を選択することが，行政の支配戦略である。

（4）行政，被規制者とも，相手の「協力を利用するタイプ」である場合

行政の利得の大小関係は $b_a < a_a < d_a < c_a$，被規制者の利得の大小関係は $c_f < a_f < d_f < b_f$ である。さらに $2d_a > (b_a + c_a)$, $2d_f > (b_f + c_f)$ という条件を仮定すれば，これは囚人のディレンマ（prisoner's dilemma）のゲームとなっている[125]。ショルツ（1984a; 1984b）は規制執行過程を囚人のディレンマとしてモデル化した議論を展開している。規制執行過程をゲーム状況として表わす場合，（4）

---

[125] 囚人のディレンマは，アメリカ合衆国ランド研究所のフラッド（M. Flood）とドレッシャー（M. Dresher）が，ナッシュ均衡の解では望ましくない結果が生じるようなディレンマ構造を考案し実験を行い，その後同研究所顧問のタッカー（A. Tucker）がそれに囚人のストーリーを付け加え現在の形になった。囚人のディレンマゲームのストーリーは，以下の通りである。まず，共同で重罪を犯した二人の容疑者がそれぞれ独房に監禁されている。彼らはお互いに話したりメッセージを伝えたりできない。警察には，二人を重罪で裁判にかけるだけの証拠がないが，別の軽犯罪についてならば二人とも懲役1年の有罪にすることができる。警察は各容疑者に取引を持ちかける。もし，一方が重罪について自白し他方が黙秘した場合，自白した者が無罪放免になるが，黙秘した者は重罪により懲役3年となる。もし両者とも自白した場合，両者とも懲役2年となる（Poundstone 1992: 106-118）。

囚人 A/ B	黙秘	自白
黙秘	-1, -1	-3, 0
自白	0, -3	-2, -2

【表 2.3】囚人のディレンマゲームとなっている場合

自治体 被規制者	抑止的法執行 Deter	協力的法執行 Cooperate
機会主義的行動 Evade	(a_f, a_a) $(2, 2)$	(b_f, b_a) $(5, 1)$
協力的遵守 Cooperate	(c_f, c_a) $(1, 5)$	$(\underline{d_f, d_a})$ $(\underline{4, 4})$

行政の利得構造：$b_a < a_a < d_a < c_a$，被規制者の利得構造：$c_f < a_f < d_f < b_f$

また，$2d_a > (b_a + c_a)$，$2d_f > (b_f + c_f)$

のように,囚人のディレンマ構造としてモデル化されることが多い(Ayres and Braithwaite 1992, Potoski and Prakash 2004)。このゲーム構造を表したものが【表2.3】である（網がけされている左上の帰結がナッシュ均衡，下線を引いている右下の帰結が，左上の均衡よりもパレート効率的な帰結である）。

囚人のディレンマゲームでは,共通利益の達成と自己利益の追求が両立しないこと，また自己利益追求の結果は共通利益達成の帰結よりもパレート劣位[126]であることが明らかにされる。行政にとって，被規制者がどちらの戦略を

---

[126] 社会的望ましさを表す一つの指標として，パレート最適 (Pareto optimality) という概念がある。パレート最適な社会状態とは，これ以上「パレート改善 (Pareto improvement)」する余地のない状態のことと定義される。パレート改善とは，行為主体のうち誰の効用も減らすことなく，少なくとも一人の効用を改善できるような社会状態へ変更できることをいう。したがって，そのようなパレート改善の余地がないパレート最適な状態では，行為主体の誰かを「より不利にする (worse off)」ことなしには，誰をも「より有利にする (better off)」ことができない（クーター・ユーレン 1997）。経済学では，効用の基数性や個人間比較を前提としない，このパレート最適な状態が効率的であるとされる。その理由として，第一に，パレート改善ができるということは，まだ効用の実現が可能であるのに，その可能性が無駄に放置されていたことを意味し，無駄を省く社会状態の変化は社会的に望ましいといえる点が挙げられる。第二に，パレート改善の際には，少なくとも誰か一人はより有利になるが，誰も不利益を被らないため，全員一致の賛同が得られる。そのような改善を続け，その余地がなくなる状態がすなわちパレート最適であり社会的に望ましいこと，が挙げられる（太田

選ぼうと，自分は抑止的法執行を選択する方が利得が高い（抑止的法執行が支配戦略になっている）。一方，被規制者にとっては，行政が選ぶ戦略にかかわらず，自分は機会主義的行動を選択する方が利得が高い。したがって，ナッシュ均衡は（機会主義的行動，抑止的法執行）という戦略の組合せになっている。しかし，このナッシュ均衡は，（協力的遵守，協力的法執行）の場合（以下では協力解と呼ぶ）に比べてパレート劣位である。つまり，ナッシュ均衡である（機会主義的行動，抑止的法執行）よりも協力解である（協力的遵守，協力的法執行）から得られる利得の方が，両プレイヤーにとって高い。それにも拘わらず，非効率的なナッシュ均衡が実現してしまう。これが，ディレンマとされる所以である。囚人のディレンマ状況において，いかにして協力解が実現されるのか，については膨大な数の研究が存在する（後述）。

さて，以上 4 つのパターンを場合分けし，概観した[127]。第 1 章で見たように，全体の中で排水基準違反の占める割合は約 1 割であり，また行政は違反に対し行政命令という法的措置ではなく，行政指導で対応していることが圧倒的に多いことから，現実には（協力的遵守，協力的法執行）の戦略の組が均衡として実現していることが想像される[128]。調整ゲームと囚人のディレンマゲームではゲームの利得構造が異なるが，規制法執行過程ではどちらも現実的に考えられる利得構造である。そこで，以下は（1）と（4）の場合に絞って考察を進める。

2000）。なお，パレート優位（Pareto superior）の状態へパレート改善の余地がある状態のことを，パレート劣位（Pareto inferior）という。
[127] 曽我（2005: 206-209）は，ツェベリス（Tsebelis 1989; Tsebelis 1990; Bianco, Ordeshook, and Tsebelis 1990）による一連の分析をもとに，規制執行の場面を同時手番のゲームでモデル化している。しかし，各戦略の定め方が本書と異なり，よって利得構造も本書とは異なるなど，ゲームの定式化が本書とは異なっている。これは，どこに焦点を当てて分析するかという分析目的の違い，つまり，本書は，行政と被規制者間で醸成されている関係性に着目し，また行政命令と行政指導に注目したモデリングをしたことによる。
[128] 2.2.1 E も参照。

B 調整ゲーム構造の場合

　水濁法の規制執行過程が，調整ゲームの構造をしている場合，二つある純粋戦略のナッシュ均衡のうち[129]，なぜ（協力的遵守，協力的法執行）の戦略の組が現実に実現しているのか，ということが問題になる。調整ゲームでは複数のナッシュ均衡が存在しているため，どのナッシュ均衡解が現実にプレイヤーによって一意に選ばれるのかという問題は，純粋な理論的計算だけでは必ずしも説明できない[130]。ナッシュ均衡が複数あるため，プレイヤーは，相手が複数均衡に対し，どの均衡を導く戦略を選択するのかについて全く不確実であるからである。そのような戦略的不確実性（strategic uncertainty）のため，調整ゲームでは，どの均衡が実現するかについて予測するのは困難とされる。

　この問題を解く一つの説明として，シェリングによるフォーカル・ポイント（focal point）[131]という考え方がある。調整ゲームを検討する際，このフォーカル・ポイントは，非常に重要な概念であるため，シェリングが行った実験を以下で抜粋しつつ，まずはこのフォーカル・ポイントについて，見ていこう。シェリングは以下の実験を行い，調整ゲームの状況に置かれた場合，現実の人々はどのような行動を取るのかを調べている（Schelling 1960: 54-58;

---

[129] 先に述べたとおり，【表2.2】のゲームでのナッシュ均衡には，混合戦略均衡も一つ含まれている。その場合，被規制者が機会主義的行動戦略をとる確率を p，行政が抑止的法執行戦略をとる確率を q とすると，混合戦略均衡は $(p, q) = (\{d_a - c_a\}/\{a_a - b_a - c_a + d_a\}, \{d_f - b_f\}/\{a_f - b_f - c_f + d_f\})$ である。これは不安定な均衡のため，以下では安定的な純粋戦略による均衡のみを取り上げる。
　ちなみに，調整ゲームを進化ゲームの枠組みとして考えると，この不安定な混合戦略均衡は，二つの純粋戦略ナッシュ均衡のどちらの均衡に向かうのかの，分岐点を示してくれるため，極めて重要である。

[130] ゲームのルールについて共有知識（common knowledge）があると仮定されていても，調整ゲームではどのナッシュ均衡が実現するのかは説明できない。共有知識が成り立つとは，各プレイヤーが，「各人がゲームのルールを知っている」ことを知っている，さらには，各人が「各人が『各人がゲームのルールを知っている』ことを知っている」ことを知っている…という無限の推論の連鎖が成り立っていることをいう。

[131] シェリング・ポイント（Schelling point）と呼ばれることもある（奥野 2008: 202）。

訳 58-62 頁)。

実験①　「表」か「裏」を記入してください。あなたとパートナーが同じものを記入すれば，二人とも賞金がもらえます。

実験②　次にある数字のうち，ひとつだけ丸で囲んでください。みなさんが同じ数字を囲めば，賞金がもらえます。

　7　100　13　261　99　555

実験③　誰かとニューヨークで会うことになっています。しかし，どこで会うのかについての指示はありませんし，相手との事前了解もないものとします。さらに，あなた方はお互いにコミュニケーションが取れません。さて，あなたはどこへ向かいますか。

実験④　100 ドルを A と B の二つの山に分けてください。あなたのパートナーも別の 100 ドルを A と B の二つに分けます。パートナーと同じ金額で A と B に 100 ドルを分けることができれば，あなた方はそれぞれ 100 ドルを得ることができます。パートナーの分け方と異なった場合，賞金は得られません。

　シェリング (1960) によれば，①では 36 人が「表」を選択したのに対し，「裏」を選択したのはたったの 6 人であった。②では，全体の被験者 41 人のうち，37 人が最初の 3 つの数字を選択していた (多い順に 7, 100, 13。7 と 100 の差は僅かであった)。③では，実験を行ったのがニューヨーク郊外である，コネチカット州ニューヘブンであったこともあってか，ほとんどの人がグランド・セントラル・ステーション (のインフォメーション) 前を待ち合わせ場所として選んだ。④では 41 人のうち，36 人が半分ずつに分割した。

　上にあげた 4 つのゲームには，それぞれ複数のナッシュ均衡がある。例えば実験②では，お互いが，他のプレイヤーは「261」を選ぶだろうと予想するのなら，自分も「261」を選択するであろうし，その選択は自己拘束的である。しかしこのことは，例えば「13」など他の数字についても言える。このように調整ゲームでは，相手が選択するであろう戦略の予測がお互い一致すれば，

均衡に至る。そして，上記の実験例が示していることは，複数のナッシュ均衡がある場合も，その中には，程度の差はあれ，他の均衡よりも実現しやすそうな，ある特徴を持った均衡が存在することがある，という点である。シェリングは以下のように説明する。「多くの状況，そしてこの種のゲームを行う人々が直面するおそらくすべての状況は，行動を調整するいくつかの手がかりを与えてくれる。すなわち，『相手がどう予測すると自分が予測するか』についての相手の予測を，各人がどう予測するかについてのフォーカル・ポイントがそれである」(ibid. 57; 訳61頁)。

このように，ある一つの均衡解が，プレイヤーが共通してもっともらしいと考えるフォーカル・ポイントである場合，その均衡が現実に選ばれる可能性が極めて高いといえる。調整ゲームでは（調整ゲームに限らずゲーム理論の対象とする戦略的状況に共通することではあるが），相手の行動を予測しつつ，また「相手も自分が相手の行動を予測していることを知っているということ」を認識しつつ，自分の行動を選択しなければならない。調整ゲームの状況でどの戦略を選ぶかについては，ある戦略が自分にとって「目立つ」という意味で顕在性（salience）があることに加え，相手プレイヤーには選択肢集合がどう映っているかという意味での「2次顕在性（secondary salience）」が考慮される（Metha, Starmer and Sugden 1994）。

では，ある均衡を際立たせ，フォーカル・ポイントとするものは何であろうか。これは当該ゲームの文脈に依存している。誰が当事者たるプレイヤーなのか，プレイヤーの文化的バックグラウンドや，偶然の配置，類推など様々である。例えば，実験③では，ニューヨークについてある程度の知識がある人は，「常識的」な待ち合わせ場所としてグランド・セントラル・ステーションにかなりの確率で行くことが示された。

過去における先例も，フォーカル・ポイントを作りだす。例えば，実験④において，通常は50:50で分割するであろうことが想像できるが，もし仮に前回，同じ相手と60:40という分け方で一致していたとしたら，それは今回の分割ゲームのフォーカル・ポイントとなるだろう。

さて，以上を踏まえ，水濁法執行過程の場合を見ていくこととする（【表

【表 2.2】 調整ゲームとなっている場合（再掲）

被規制者 \ 自治体	抑止的法執行 Deter	協力的法執行 Cooperate
機会主義的行動 Evade	(a_f, a_a) (2, 2)	(b_f, b_a) (3, 1)
協力的遵守 Cooperate	(c_f, c_a) (1, 3)	(d_f, d_a) (4, 4)

行政の利得構造：$a_a > b_a$，$c_a < d_a$，$a_a < d_a$

被規制者の利得構造：$a_f > c_f$，$b_f < d_f$，$a_f < d_f$

2.2】を再掲する）。

　上の整理からは，調整ゲームにおいてフォーカル・ポイントとなる均衡があるのならば，その均衡が現実に実現されやすいということであった。そして規制執行においては，現実には（協力的遵守，協力的法執行）という均衡解が実現していると考えられる（第1章参照）。ということは，この均衡解には何かフォーカル・ポイントとなるような際立った特徴があるのであろうか。

　まず一つの特徴として，先例がフォーカル・ポイントとなることが指摘できる（Crawford and Haller 1990）[132]。規制法執行は繰り返しゲームであるため，調整ゲームが繰り返しプレイされるにつれ先例が蓄積される。いったん（協力的遵守，協力的法執行）という均衡が実現した場合，以後のゲームでは，当該均衡解がフォーカル・ポイントとなり，その後もその均衡が実現される可能性が極めて高いであろうことが考えられる。すなわち，プレイヤーは，先例に調整の成功例を見つけ，調整を維持するためにその先例を目印として利用しているのである[133]。とはいえ，その解が先例として出現するため

---

[132] Crawford and Haller (1990) は，複数の純粋戦略のナッシュ均衡の利得が一致している場合の調整ゲームを想定している。

[133] この点, プレイヤーは当初は見分けが付かなかった戦略を，先例の存在によって「ラ

には，ゲームの当初で（協力的遵守，協力的法執行）という戦略が実現される必要がある。そもそも最初になぜその均衡が実現したのか，については，この説明は確率的な選択の結果という以外は何も語らない。しかし，いったん（協力的遵守，協力的法執行）が実現すると，以後は，その均衡が先例としてフォーカル・ポイントとなり，当該均衡で安定し，調整が維持されるだろう。

いま一つの特徴は，（協力的遵守，協力的法執行）による利得は，もうひとつの均衡である（機会主義的行動，抑止的法執行）による利得より，パレート優位であることが挙げられる。つまり，両プレイヤーにとって，左上のセルの利得より，右下のセルの利得の方が大きい（$a_a < d_a$，$a_f < d_f$）。シェリングは，パレート優位なナッシュ均衡が一つしかない場合，そのパレート優位さゆえに，その均衡がフォーカル・ポイントとなりうることを指摘している（Schelling 1960: Appendix C；訳 補遺 C）。パレート優位なナッシュ均衡がフォーカル・ポイントとなっている場合，プレイヤーは利得の配置を，行動を調整する手がかりとして用いていることとなる。その手がかりはプレイヤーにとって有用であり，またお互いが相手にとっても有用であると考えていることを知っているのである。パレート優位な均衡がフォーカル・ポイントとなるのは，高い利得を得たいからというよりも，その高い利得には選択の調整を可能にする力——すなわち顕在性——があるという点を，シェリングは強調している（ibid. 293-295; 訳 301-303 頁）。

パレート支配しているナッシュ均衡が存在している場合，そのパレート支配している均衡の戦略を選択することがプレイヤーにとって合理的であるため，プレイヤーはそのような行動を選択する，とさらに踏み込んだ議論も存在する（Luce and Raiffa 1957; Harsanyi and Selten 1988）。執行場面での調整ゲームの場合で考えれば，行政は「協力的法執行スタイル」，被規制者は「協力的遵守スタイル」を選択した方が高い利得が得られると同時に，お互い，相手もその戦略を取ると高い利得が得られることを想定できるためである。つまり，「相手も両者にとって得になる選択をするだろう」という相互了解がな

ベル付けする」といえる（Crawford and Haller 1990）。

されることで，合理的プレイヤーはパレート支配しているナッシュ均衡を実現するというものである。この議論は，複数均衡がある中で，パレート支配している均衡を選択することは，理にかなっていると考えている。ルースとライファ（1957）は，パレート劣位のナッシュ均衡を「共同で認められない（jointly inadmissible）」として排除し，逆にパレート支配している戦略を「共同で認められる（jointly admissible）」として，「厳密な意味での均衡解（a solution in the strict sense）」として認めている。ハルサーニとゼルテン（1988）は，他のすべての均衡に対しある均衡がパレート支配しているとき，その均衡には「利得優位性（payoff dominance）」があるとし，その均衡が選ばれるとしている。以上の考え方によれば，執行場面の【表 2.2】の場合でみれば，二つの純粋戦略のナッシュ均衡のうち，パレート支配し「共同で認められる」，もしくは「利得優位性」がある（協力的遵守，協力的法執行）の均衡が選ばれることで，うまく調整が行われることとなる。

このように，複数のナッシュ均衡がパレート的に順序づけられている場合，顕在性もしくはプレイヤーの合理性により，その中のパレート支配している均衡がプレイヤーによって選ばれることによって，調整は成功すると考えられる。しかし，上の考えには留保も必要であることが，調整ゲームを扱った実験によって明らかにされている（代表的なものとして Cooper, DeJong, Forsythe, and Ross 1990; Van Huyck, Battalio, and Beil 1990）。実験によれば，調整ゲームの利得構造によっては，必ずしもパレート優位なナッシュ均衡が実現するとは限らないことが分かっている。

現在までに行われている実験での調整ゲームの構造は，主に，パレート効率的な均衡には至らないが調整に失敗しても大きく損もしないという安全な戦略と，パレート優位な効率的ナッシュ均衡の実現のためには必要だが調整に失敗したら大きな損をするというリスキーな戦略との間に緊張関係があるというものである。【表 2.2】の利得構造では，このような強い緊張関係は必ずしも存在せず（c_a，b_fの値に因る），【表 2.2】で提示しているゲームの利得

構造と常に一致しているわけではない[134]。しかし，調整ゲームが実際にどのようにプレイされるのかを知るには示唆的であるため，以下で実験の結果を概観する。

　クーパーらは，ナッシュ均衡が複数あり，そのうちの一つの均衡が他の均衡をパレート支配している場合の調整ゲームを取り上げ，実験を行った（Cooper et al. 1990）。クーパーらが扱った調整ゲームは以下の構造をしていた（行われた8つのゲーム構造のうち2パターンを以下に抜粋する）。

【表 2.4】クーパーら（1990）の実験のゲーム

ゲーム 1

コラム＼ロウ	戦略 1	戦略 2	戦略 3
戦略 1	350	350	700
戦略 2	250	550	0
戦略 3	0	0	600

ナッシュ均衡は（戦略1，戦略1）と（戦略2，戦略2）

ゲーム 2

コラム＼ロウ	戦略 1	戦略 2	戦略 3
戦略 1	350	350	700
戦略 2	250	550	650
戦略 3	0	0	600

ナッシュ均衡は（戦略1，戦略1）と（戦略2，戦略2）
(Cooper et al. 1990) より。

---

[134] 【表2.2】の数値配置のように，$b_a < a_a < c_a < d_a$，$c_f < a_f < b_f < d_f$ である場合（そして，この利得構造が最も現実的だと考えられる），b_a，c_f が相対的に小さく，a_a と c_a，a_f と b_f の大きさの差が小さい場合ほど，実験が想定しているゲームに近づく。

利得は対称的なので,【表2.4】ではロウの利得のみを表示している。上二つの調整ゲームでは,ナッシュ均衡が(戦略1,戦略1)と(戦略2,戦略2)の二つであり,(戦略2,戦略2)の方が他方をパレート支配している。また,各ゲームにおいて,戦略3は支配される戦略(dominated strategy)となっている。ゲーム1とゲーム2の違いは,以下の点である。両方のゲームとも,パレート支配しているナッシュ均衡は(戦略2,戦略2)だが,ナッシュ均衡ではない(戦略3,戦略3)の方が,実現すれば両者とも大きな利得を得られる。そして,ゲーム1では,パレート最適な均衡を実現する戦略2を取った場合,もし相手が戦略3を選択すると,自分の利得は0になってしまう[135]。このように,ゲーム1では戦略2を選択すると,調整がうまくいかなかった場合,自分の利得がなくなってしまうというリスクがあるのである。一方,ゲーム2では,相手が戦略3をたとえ選択したとしても,自分は損をしない。戦略2はリスキーな戦略ではないのである。

　実験の結果[136],まずはナッシュ均衡が実際に実現することが示された。しかし,そのうちゲーム1ではパレート優位の均衡が選ばれず,パレート劣位である(戦略1,戦略1)の均衡が観察された。パレート優位のナッシュ均衡が実現されなかったという意味で,これは調整の失敗(coordination failure)が生じている。一方,ゲーム2ではパレート優位の均衡(戦略2,戦略2)が観察された[137]。この結果から,クーパーらは,ナッシュ均衡が実際に実現すること,パレート支配のナッシュ均衡が必ずしも実現するとは限らないこと,支配される戦略が均衡の選択に影響を与えていること,つまり相手が支配される戦略を選択することによって自己の利得が変化することが,均衡の選択

---

[135] ゲーム1の構造を持ったゲームを,クーパーらは別稿で「協力調整ゲーム(cooperative coordination game)」と呼んでいる(Cooper et al. 1992)。
[136] 実験は,匿名の相手と1対1で上記のゲームを一回限りプレイすることを,相手を変えて22期繰り返し行われた。11名からなる7つの集団がそれぞれ集団に割り当てられた調整ゲームをプレイする。
[137] 最後の5期の実験結果では,プレイヤーがゲーム1において戦略1を選択した頻度は84%(全50回のうち42回),ゲーム2において戦略2を選択した頻度は100%(全50回のうち50回)であった。

に影響を与えている，と結論付けている[138]。

ここから，パレート支配している戦略がいつも選ばれるとは限らないことが分かる。このことは，パレート優位なナッシュ均衡に導く戦略が，同時に，調整に失敗したときに利得が激減するというリスキーな戦略のときに，とくに当てはまると考えられる。

しかし，上記の調整の失敗は，ある方法で解消されることも，分かっている。それは，ゲーム・プレイの前のコミュニケーションの存在である。コミュニケーションによって，プレイヤーは自分がどの戦略をプレイするつもりかを相手に伝えることができるが，発言内容に拘束性はなく，伝えた戦略を実際のゲームでプレイしなくてもよい。よってコミュニケーションは，利得に直接的な影響は全く及ぼさないし，もともとのナッシュ均衡を減らしたりもしない。しかし，調整ゲームの前にコミュニケーションという会話ができることで，調整の失敗は解消され，プレイヤーにとって望ましい結果が実現することが可能となる。調整ゲームでは，プレイ前のコミュニケーションによって提示される均衡解がフォーカル・ポイントとなる[139]。さらに，プレイヤーはコミュニケーションにおいて，パレート優位な均衡に至る戦略を伝えるであろう。プレイヤーはコミュニケーションで嘘をつくインセンティヴはないからである。すなわち，お互いが調整に成功すればパレート優位な均衡解を実現できるため，パレート優位な均衡へ至る戦略をプレイするつもりであることを伝えるからである。よって，コミュニケーションによってパレート優位な均衡がフォーカルになることから，その均衡は実現すると考えられる。

クーパーらは，ゲーム前のコミュニケーションの有無で実現する均衡が変化するのかについて，実験を行っている（Cooper, DeJong, Forsythe, and Ross

---

[138] Van Huyck et al.（1990）も，パレート支配しているナッシュ均衡が，必ずしも常には実現しないことを実験で示した。この実験が用いたゲームでも，安全な戦略とリスキーな戦略の緊張関係があり，プレイヤーは安全な戦略を選択することでパレート劣位なナッシュ均衡解が実現するという，調整の失敗が起こる。このような調整の失敗には頑強性があることが，後続の実験研究から分かっている。

[139] Farrell（1987）を参照。

【表2.5】クーパーら（1992）の実験のゲーム

ロウ＼コラム	戦略1	戦略2
戦略1	(800, 800)	(800, 0)
戦略2	(0, 800)	(1000, 1000)

ナッシュ均衡は（戦略1, 戦略1）と（戦略2, 戦略2）

(Cooper et al. 1992) より。

1992）[140]。その結果，下のスタグ・ハント・ゲーム（Stag-hunt game）[141]構造の調整ゲーム（【表2.5】）では，コミュニケーションがあることで，調整の失敗が解消されることがわかった。

クーパーらは，コミュニケーションなし，一方向のコミュニケーションあり，双方向のコミュニケーションあり，の3パターンで実験を行った。彼らの実験では，コミュニケーションが可能な場合，そのプレイヤーは，相手に自分がプレイするつもりの戦略を伝えることができる。一方向のコミュニケ

---

[140] 一回限りのゲームでその都度相手を変えてゲームは行われた。
[141] スタグ・ハント・ゲームとは，以下の構造をしている調整ゲームである。

ハンター1/ 2	ウサギ	シカ
ウサギ	(1, 1)	(1, 0)
シカ	(0, 1)	(2, 2)

お互いにコミュニケーションが取れない状況にいるハンターが二人いる。二人のハンターにはそれぞれ，「二人で協力してシカを捕まえる」か，「一人でウサギを捕まえる」の二つの戦略がある。協力すれば確実にシカを捕まえることができ，両者の利得は2となる。ウサギを捕まえると1の利得が得られる。一人でシカを捕まえることはできず，その場合利得は0である。純粋戦略のナッシュ均衡は（ウサギ，ウサギ）（シカ，シカ）の二つであり（シカ，シカ）の方がパレート支配している。しかし，自分に保証される利得を最大にしたいと両者が考えると，（ウサギ，ウサギ）の均衡が出現する。

ーションとは，一方のプレイヤーのみが自分の選択しようと思っている戦略を相手に伝えることができ，他方はそのメッセージを受けるのみである状態を指している。双方向コミュニケーションとは，両者とも自分の選択しようと思っている戦略を相手に同時に伝えることができる状況を指す。

コミュニケーションなしの場合，安全だがパレート劣位である（戦略 1，戦略 1）の均衡が全体 165 回中 160 回出現した。これはパレート優位な均衡が必ずしも実現されるわけではないという上記実験結果と整合的である。しかし，コミュニケーションが可能である場合，この調整の失敗は解消される可能性が高いことが示された。一方向コミュニケーションが可能な場合，全 165 回中（戦略 1，戦略 1）は 26 回，（戦略 2，戦略 2）は 88 回観察された。さらに，双方向のコミュニケーションが可能である場合，全 165 回中（戦略 1，戦略 1）は 0 回，（戦略 2，戦略 2）は 150 回観察された。このように，双方向のコミュニケーションが可能な場合，ほぼ全回においてパレート優位なナッシュ均衡が実現することがわかった。

また，双方向コミュニケーションでは，すべての回で戦略 2 をプレイする意図が伝えられていた。このように，コミュニケーションが可能であると，不可能である場合に比べ調整の成功の可能性が飛躍的に上昇し，パレート優位な均衡が実現するといえよう[142]。ゲーム前にコミュニケーションができることで，戦略的不確実性，調整の失敗といった調整ゲームの問題を克服することができるのである。

このように見ていくと，調整ゲームにおいて，たとえパレート優位なナッシュ均衡が実現しない恐れがあったとしても，コミュニケーションが可能である場合は，パレート支配している均衡が極めて高い確率で実現すると考えることができる。水濁法執行過程の場合，プレイヤー間のこのようなコミュニケーションは頻繁に見られる。とりわけ，コミュニケーションの機会としては，立入検査と，特定施設の設置や改善の届出の際が代表的であろう。立

---

[142] Van Huyck et al. (1990) が使用したゲーム構造と同じ場合でも，ゲーム前のコミュニケーションがあることで，パレート優位な均衡の実現が劇的に促進されることが明らかにされている（Blume and Ortmann 2007）。

入検査の際，行政は，採水作業を行うのみならず，被規制者とお互い面と向かって会い，「立ち話」「雑談」をしている（第1章参照）。その際にも，各自の規制法執行に対するスタイルを示すことは可能である。実際，立入検査をはじめ，被規制者と接するときは，被規制者に協力的な姿勢を見せると，意識している自治体もあった。被規制者も，行政に好意的な姿勢をみせるという。このように，お互いの戦略をコミュニケーションによって伝えあうことは可能であり，そう理解できる実態もみられる[143]。また，時間をかけて行われる，調査目的の立入検査においても，この点は同様である。セミナーなど，立入検査以外の場でも行政と被規制者は，コミュニケーションを行い，各自の規制執行に対するスタイルを示すことができる。

また，届出の際は届出記載に不備が多いこともあり，大抵の場合，行政は即座に届出を受理するのではなく，届出を受理するまでに数回の書き直し等を経るため，その機会を通じて被規制者と話をしている。その機会を通じても，行政と被規制者は自らの規制に対するスタイルを何かしら示すことは可能であろう。

ナッシュ均衡が複数存在し，その中にパレート支配している均衡がある調整ゲームの場合，上記の説明によってパレート支配の均衡が実現されることが可能となる。パレート支配していること自体に顕在性が認められフォーカル・ポイントとなりうること，パレート優位な均衡を選ぶことが合理的であること，また，保証される利得を最大にしようとしてパレート劣位の均衡が実現することもあるが，そのような調整の失敗の際にもコミュニケーションがプレイヤー間で可能であれば，パレート優位の均衡が実現できること，が示された。そして，いったんパレート優位の均衡が実現し，先例となると，さらに当該均衡はフォーカル・ポイントとなり，当該均衡の実現と維持が確

---

[143] ある自治体職員が言うように，警戒心を抱いている被規制者に対し，立入検査の際，「とっていこうなんて思っていないよ」と行政は話すこともある（第1章参照）。被規制者も，慣れてくるといろいろと正直に話してくれるという。また，立入検査を2名で行う理由の一つに，被規制者を威圧しないようにする，という考慮もされていたのであった（第1章参照）。

固たるものになるだろう。

　さらに，水濁法執行過程においては，戦略の名称やその戦略の内容そのものにも，フォーカル性があるかもしれないことが指摘できる。上で取り上げたクーパーらによる実験では，戦略の名称や行動の持つ意味はなく，プレイヤーがゲーム状況をどのように認識しているのかという認知の問題について触れられていなかったが（Devetag and Ortmann 2007），現実のゲームの場面では戦略の名称・内容なども選択の際に考慮されるだろう。わが国の行政活動にとって，行政指導という内容をもつ協力的法執行スタイル戦略は，極めてフォーカル性があるため，水濁法執行の過程でも，行政指導が含まれているスタイルである「協力的法執行」が目立つという点は指摘できるように思われる。

　したがって，規制法執行過程が【表2.2】で示されている調整ゲームの構造をしている場合，以上のことから，（協力的遵守，協力的法執行）が現実の水濁法執行過程において実現していることが説明できるであろう。

C　囚人のディレンマ構造の場合

　次に，規制法執行過程が囚人のディレンマ構造になっている場合を考えてみよう（Scholz 1984a; 1984b）。上でみた調整ゲームと囚人のディレンマゲームでは，ゲームの利得構造が多少異なっている。以下の状況の場合，規制執行過程は囚人のディレンマ構造をしていると考えられる[144]。

　協力的法執行スタイルの行政に対し，被規制者には，遵守コストの負担を先延ばしにしたり，遵守コストを削減するために，厳格に取り締らない行政の対応を利用する機会主義的行動をとる強いインセンティヴがある。一方，協力的遵守スタイルの被規制者に対し，行政は，水質汚染の現状をすぐに改善したいという考えから，被規制者の自主検査で基準違反が自主報告された

---

[144] 繰り返しになるが，規制執行過程がゲームとして表現される場合，囚人のディレンマゲームとしてモデル化されることが多い（Scholz 1984a; 1984b; Ayres and Braithwaite 1992; Potoski and Prakash 2004）。

【表 2.6】囚人のディレンマゲームとなっている場合

自治体 被規制者	抑止的法執行 Deter	協力的法執行 Cooperate
機会主義的行動 Evade	(P, P) (2, 2)	(T, S) (5, 1)
協力的遵守 Cooperate	(S, T) (1, 5)	(R, R) (4, 4)

T>R>P>S, 2R>S+T

網がけされている (P,P) がナッシュ均衡による利得。

下線が引かれている (R,R) の方がパレート優位である。

場合や，違反の原因や程度，ミスかどうか等に拘わらず，違反が発見された場合は，違反是正の即効性のある行政命令を発動するなど，被規制者が行政に協力的なことを利用した執行活動を行うかもしれない。また，広く世間に知られることとなった事件が発生すると，その後結果を見せなければならない行政が，当該企業の過去の遵守実績に拘わらず，企業に対し厳格に規制を執行するかもしれない。このように，協力的遵守スタイルを選択している被規制者に対して，行政が協力的法執行スタイルで対応する利得構造になっているという保証はない。

【表 2.6】(【表 2.3】で，利得を表す記号を対称にしたもの) はそのような状況を表している。

先述のとおり，囚人のディレンマでは支配戦略が存在し，ナッシュ均衡は一つに定まるが，その均衡はパレート最適ではない，という点でディレンマとなっている[145]。お互い協力することで両者とも利得が上がるのに，自己利

---

[145] 囚人のディレンマゲームでは，慣例的に，「自白」にあたる戦略のことを「裏切り」戦略，「黙秘」にあたる戦略のことを「協力」戦略と呼び，ナッシュ均衡でもある（自白，自白）のことを「裏切り解」，パレート最適である（黙秘，黙秘）のことを「協力解」と呼ぶことが多い。

益を追求するために結果として全体の利得を下げてしまうのであった。

とはいえ、ある社会状況が囚人のディレンマ構造になっているにもかかわらず、ナッシュ均衡である裏切り解ではなく、協力解が現実には実現していることもよく指摘されることである。囚人のディレンマ構造になっている場合の水濁法執行過程においても、統計資料・インタヴュー調査から、実際の規制執行過程では、機会主義的行動・抑止的法執行という戦略を取っているとは考えにくいことも指摘した。違反に対して行政指導が多用されていること、被規制者は行政指導に従っていることやそもそも違反率が少ないこと、被規制者の中には自主的に自主検査の結果を行政に報告してくる者もいることなどから、協力解が達成されていると考えてよいだろう。この場合、「なぜ、そしてどのようなメカニズムで人々は囚人のディレンマ状態にありながら協力状態を達成しているのか」という問いが立てられる。

囚人のディレンマ状況から内在的に協力解が達成できることを説明する常套手段は、繰り返しゲーム（repeated game）の理論を使用することである。そして、先に述べたとおり、水濁法の規制執行過程はまさに繰り返しゲームである。すなわち、行政と被規制者の関係は、被規制者が特定施設を使用する事業を廃止したり、他自治体へ移転しない限り長期間にわたって継続される。実際、被規制者たる工場・事業者は当該土地に工場や事務所等を構え、その土地で活動していることから、移動はまれである。このように、水濁法執行においては、同じ自治体の水質担当、同じ被規制者というように、同一のプレイヤー同士が繰り返し同じゲームをプレイしている。この点、水濁法は、例えば密漁を取締る漁業調整規則[146]など、同じ被規制者と継続的に接するわけではない規制法（この場合は1回限りのゲームと見なせる）とは異なる。水濁法の規制執行では、行政と被規制者の関係が長期間にわたって続くことがお互い分かっていること、立入検査・届出提出を通じて行政と被規制者には定期的な接触があること、両者の関係が終了する見込みは少ないと認

---

[146] 行政による漁業調整規則の執行実態については、北村（2006）を参照。「行政指導志向」とされ、行政指導に依存することの多い行政法執行過程だが、漁業調整規則の執行においては、行政指導は少なく、行政は違反を見つけると、行政処分か送致するかのどちらか、もしくは両方が通常であるという。

識されていることが，行政と被規制者の関係の一つの大きな特徴である。

さて，一般的に繰り返しゲームで協力行動が達成できるメカニズムを見ていこう。ゲームが1回限りの場合[147]，ナッシュ均衡は（機会主義的行動，抑止的法執行）であり，協力解が達成されることは理論的にはない。しかし，ゲームが繰り返しプレイされるならば，協力解が達成できるということは，古くから知られていた。これは「フォーク定理（folk theorem）」と呼ばれるもので，「ゲームが無限回繰り返され，プレイヤーが将来のことを十分重視する（割引因子が十分に大きい）場合，パレート最適な状態が繰り返しゲームの非協力均衡点として達成できる」ことが示されている。

フォーク定理の他にも，繰り返し囚人のディレンマについては，ゲーム理論を取り入れた進化生物学の視点から協力行動の発生を説明した，アクセルロッド（1998）が有名だろう。アクセルロッドによれば，囚人のディレンマゲームが繰り返しプレイされるという，コンピューター・プログラムによるトーナメントを行った結果，「しっぺ返し戦略（tit-for-tat strategy）」が2回のトーナメントともに高得点を収め優勝した。しっぺ返し戦略とは，初回は協力し，それ以降は前回相手がとった行動と同じ行動をとる戦略である。このしっぺ返し戦略は，「自ら裏切ることはないが，裏切られたら次期のゲームでは仕返しとして裏切り，協力されたら次期のゲームでお返しをする」戦略と解釈することができる。アクセルロッドは，しっぺ返し戦略の強みは，自分の方から裏切ることはない上品さ（nice）と，相手が過去に裏切っていても現在協力すれば自分も協力するという心の広さ，等にあるとしている（アクセルロッド 1998: 55）。

ショルツ（1984a; 1984b）は，アクセルロッドによる囚人のディレンマでの協力行動分析を規制執行過程に応用した。彼はそれを執行のディレンマ（enforcement dilemma）と呼んでいる。ショルツは囚人のディレンマ同様，執行のディレンマにおいても，しっぺ返し戦略を採用することで，協力状態

---

[147] なお，有限回の繰り返しゲームでも協力解はナッシュ均衡とはならない。有限回であれば，最終回ではお互いが裏切ることが分かっている。よって最後から2回目のゲームでも裏切ることとなり，最後から3番目のゲームでも裏切ることとなる。このようにさかのぼり，結局初回から裏切ることが唯一のナッシュ均衡となる。

が達成できることを示した[148]。

繰り返しゲームでは，将来の利得を現在価値に置き換えて計算を行うため，割引因子 δ を用いる。割引因子 δ とは将来の利得を現在価値に割り引いたものであるが[149]，同じプレイヤー同士が将来再び同じゲームをプレイする確率とも解釈できる。

繰り返し囚人のディレンマで，しっぺ返し戦略がナッシュ均衡になる条件は[150],

$$\delta > \max(T-R/T-P,\ T-R/R-S)$$

である。つまり，上記条件を満たすだけ割引因子 δ が十分大きいと，しっぺ返し戦略がナッシュ均衡となり協力状態が達成可能となる[151]。両プレイヤーの割引因子が十分大きい場合，すなわち，将来の利得を重要と考えている，もしくは近い将来にまたゲームをプレイすると当事者に理解されている場合，しっぺ返し戦略により協力関係が実現しうる。プレイヤーたちが長期的関係にある場合，彼らが将来のことを十分に重視するならば，今期裏切ることで得られる短期的利得よりも，その裏切りによって将来にわたる協力関係が壊されることの長期的損失を重く見るため，協調が達成されるのである。したがって，規制執行の場面にあてはめれば，行政と被規制者の双方がしっぺ返

---

[148] ショルツ（1984a; 1984b）は，各プレイヤーの利得構造について，被規制者からの排出物の量が少ないほど行政の利得が高いとし，基準遵守費用が少ないほど被規制者の利得が高いとしている。

[149] 長期にわたる利得を扱う繰り返しゲームでは，将来の利得は現時点で考えると価値が若干低いということを考慮し，割引因子（discount factor）または割引率（discount rate）が用いられる。どちらが分析に用いられるかは，その分析に使うのに便利な方によって決まる。割引因子を δ，割引率を r とすると，$\delta = 1/1+r$ と表わされる。$0 < \delta < 1$ である（Rasmusen 2007）。

[150] 証明は岡田（1996）を参照。

[151] 換言すれば，T-R/T-P，T-R/R-S の値が小さいほど，ディレンマは解消されやすくなる。つまり，相手の協力を裏切った時に得る利得が少ない場合，裏切りの誘惑とお互いが裏切る場合の利得の差が大きい場合，また，自分の協力が裏切られた時の損が少ない場合に，より協力状態は達成されやすいことがわかる。

し戦略を採用している場合，規制執行過程において（協力的遵守，協力的法執行）という協力状態が達成できるのである。

　繰り返し囚人のディレンマにおいて，しっぺ返し戦略がナッシュ均衡となるということを見たが，これはしっぺ返し戦略の組が唯一の均衡であるということを意味しない。むしろ，しっぺ返し戦略以外にも多くの戦略がナッシュ均衡になりうる。例えば，初回からずっと裏切るという戦略同士もナッシュ均衡である。とはいえ，協力状態を達成しにくいはずのゲーム構造の中で，協力の発生とその安定的な維持が可能であることを理論的に説明できる点や，現実の社会でもしっぺ返し戦略は十分想定できる戦略である点などを考えると，しっぺ返し戦略は一つのナッシュ均衡にすぎないという以上の意味を認めてもよいと思われる（Osborne and Rubinstein 1994）。

　さて，囚人のディレンマについては，社会的ディレンマも含め，膨大な数の実験が存在している[152]。ここでも，コミュニケーションの重要性が指摘されている（Ostrom and Walker 1997; Ostrom 1998）。つまり，面と向かってのコミュニケーションがプレイヤー間で行われると，協力行動がかなり促進されるのである。これは繰り返しゲームのどのラウンドにおいても同様である。調整ゲームにおいてもコミュニケーションの重要性が指摘されたが[153]，囚人のディレンマ構造でもそれは同様であった。とりわけ，囚人のディレンマゲームでは，相手が協力している場合にも自分が裏切ることで利得が上がると

---

[152] 代表的な実験結果として，理論的予測と異なり，1回限りのディレンマゲームにおいても協力行動が見られることが報告されている。有限の繰り返しゲームでも，今期が最終ラウンドと告げられると70%以上の被験者が裏切りを選択するが，それまでは，協力行動の出現はゼロよりもかなり高い位置にとどまる。このような「過剰な協力」の説明として，例えば集合行為による利益を達成するために積極的に協力行動を取る人もいれば，消極的な人もいるというように，プレイヤーのタイプには多様性があるということが一つの説明として挙げられる（Ostrom 2000）。しかし，上記繰り返しゲーム理論の場合は，プレイヤーの中には利他的なタイプもいる，といった仮定を置く必要はない。協力状態達成の可能性は割引因子の大小に依存しており，割引因子が大きく将来の利得を重視しているならば，協力状態が達成できる，という点で説明がつくのである。

[153] 調整ゲームでコミュニケーションが有用であったのは，コミュニケーションが，フォーカル・ポイントを提供する役割を果たしているからであった。

いうインセンティヴ構造のため、コミュニケーションで「協力する」と伝えてもその通りにプレイするインセンティヴはない。よってコミュニケーションの有無は結果に影響を及ぼさないはずである。それにもかかわらず、社会心理学の実験では、コミュニケーションの存在は、協力行動の発生に非常に大きな影響を与えている。100以上の実験結果のメタ分析を行ったサリー（1995）によれば、面と向かったコミュニケーションが可能であれば、コミュニケーションが不可能である場合と比較して、40%も協力レヴェルが向上したという（Sally 1995）。またコミュニケーションは、実際に面と向かったもの（face to face）であることが必要であり、コンピューター端末を通じたコミュニケーションでは、面と向かったコミュニケーションより協力のレヴェルは低いことも分かっている。このように、社会心理学の知見より、プレイヤー間でコミュニケーションが可能な囚人のディレンマ状況の現実場面において、協力行動が理論の予測以上に観察されることが分かっている[154]。

先に述べたとおり、水濁法執行においては、行政と被規制者間のコミュニケーションは定期的に見られる。その代表が定期的な立入検査であり、行政は立入検査の際に、ただ採水を行うだけではなく、被規制者と現状や今後の操業について「立ち話」、「雑談」をしている（第1章参照）。一つの被規制者にかける立入検査の所要時間は自治体や被規制者の規模によっても異なるが、短くとも10~15分は被規制者と会話をしているという。もちろん、各種届出の際や質問がある場合も被規制者と行政は直接顔を合わせ、言葉を交わしている。自治体の中には、被規制者が話しかけやすいように市の協力的姿勢を示そうと意識的に心がけているところもあったのであった。

このように、上では規制執行過程が囚人のディレンマ構造になっている場合を見てきた。水濁法の執行ゲームは同一プレイヤー間で繰り返しプレイされており、将来を重視している（あるいは、将来高い確率で再び同じゲーム

---

[154] 経済学が仮定するところの合理性を修正する動きは、行動経済学にみられる。また、なぜコミュニケーションによって協力が促進されるのかについて、いくつかの理由が提示されている（Ostrom 1998）。しかし、裏切りによる利得が大きく、また個人の行為が特定されない場合（社会的ディレンマの状況）は、コミュニケーションだけでは集合行為問題の解決はできないことも分かっている（Ostrom 1998）。

をプレイすることが分かっている）プレイヤー同士がしっぺ返し戦略を採用することで，協力解が導かれる。水濁法執行過程では，ゲームが長期間にわたって繰り返しプレイされていること[155]に加え，プレイヤー間での対面コミュニケーションが可能であることから，より一層，協力状態，すなわち（協力的遵守，協力的法執行）の戦略の組合せが達成されやすいと考えられる。

協力状態が達成されるには，しっぺ返し戦略が有効な戦略であることは上で示した通りである。しかし，どのようなディレンマ状況に対してもしっぺ返し戦略が協力状態の達成と維持にとって万能かというと，そうでもない。しっぺ返し戦略には，協力状態の維持にとって，ある弱点が存在する。そして，水濁法執行のような場面では，その弱点による悪影響は大きいのである。以下ではしっぺ返し戦略の弱点とそれを克服する戦略について取り上げる。

D 囚人のディレンマ構造においてノイズがある状況の場合

上の議論では，例えば，被規制者が排水基準を遵守するという行動を選択すると，その選択通りに行動が実現され，基準は遵守されることを想定していた。しかし，被規制者が遵守するという行動を選択しても，何らかのミスが生じ，現実には違反をしたという結果になってしまった場合はどうであろうか。このような事態は現実において容易に考えられることである。被規制者は遵守しようとしたが，何らかのエラーが生じて基準違反をしてしまった場合，行政にはその違反が機会主義的行動スタイルの選択の結果なのか，協力的遵守スタイルのエラーなのか，どちらかわからない[156]。その場合も上で見たようなしっぺ返し戦略を行うことがよいのだろうか。現実社会に起こるであろう，選択を実行する際に生じる誤り（エラー）がある場合についても

---

[155] 繰り返しゲームであることが共有知識であることが必要である。
[156] 例えば，年に数回の立入検査で違反が見つかった場合に，立入調査直前に機械故障が起きたからだ，と企業が説明しても，それが本当なのか，それとも実はずっと前から故障し違反していることを知っていたが市には急に壊れたと言っているにすぎないのか，行政は判断できない。

考慮する必要があろう。

行動の実施の際に何らかのエラーが生じ，結果的には選択した戦略とは逆の戦略が実現してしまった場合や，選択した協力行動を行ったのに，相手には裏切りをしたと誤解されている場合は，まとめて，「ノイズ」のある状況と考えられる。そして，ノイズのある状況での囚人のディレンマに対し，単なるしっぺ返し戦略は有効ではない。もしノイズによって相手の行動が裏切りとなった（あるいは裏切りと認識された）場合，しっぺ返し戦略は，相手の裏切りに敏感に反応し，非効率的な結果を招いてしまう。つまり，ある期に一方がノイズにより意図せず裏切りをしてしまい（裏切り，協力）の組み合わせが生じた場合，次期以降のゲームでは（協力，裏切り），（裏切り，協力），（協力，裏切り）…の繰り返しとなってしまう（ディキシット・ネイルバフ 1991）。水濁法の場面において，何らかのエラーによって違反選択（裏切り）が遵守（協力）に変わるということは考えにくいため，一度ノイズによって裏切り行為が生じてしまうと，報復合戦は続くことになる。このような「裏切りの連鎖」から脱する唯一の方法は，両者が同時に協力を始めることだが，しっぺ返し戦略ではそれは実現しないのである。

ノイズがある囚人のディレンマ状況において，協力状態を維持するには，一度裏切られても即座に裏切り返さないという，寛容性が必要である[157]。果

---

[157] ノイズがある状況でどの戦略が効果的かという問題に対しては，進化的アプローチから取り組まれる場合が多い。なお，「寛容なしっぺ返し戦略」以外にも，ノイズ環境においてエラーを修繕でき，効果的な戦略であるとされている戦略がある。それは，「悔恨するしっぺ返し戦略（contrite tit-for-tat，CTFT））」と，「パブロフ戦略（Pavlov : win-stay, lose-shift strategy）」である。

「悔恨するしっぺ返し戦略」とは，t期で自分がエラーにより裏切った場合，t+1期で相手が裏切り戦略を選択してもその裏切りを受け入れ，t+2期で自分は協力戦略をプレイするというものである（Wu and Axlerod 1995; Boerlijst, Nowak, and Sigmund 1997）。ただし，CTFT は認識の間違い（error in perception．つまり，本当は前回エラーにより裏切ったのにもかかわらず，自分では前回協力したと思い込むこと。よって悔恨は生じない）には弱いという欠点がある。

「パブロフ戦略」とは，「勝てばそのまま，負ければ変える（win-stay, lose-shift）」という方針をもった戦略である。つまり，t期で（協力，協力），（裏切り，裏切り）の場合には t+1 期で協力戦略を選択し，t期で（協力，裏切り），（裏切り，協力）の場合には t+1 期で裏切り戦略を選択するという戦略である。言いかえれば，前期のゲームで自分と相手の行動が同じだった場合にのみ次期協力する，という戦略である。この戦

てしない裏切りの連鎖を避けるためにも，裏切りへの対応は厳しすぎてはいけない（アクセルロッド 1998）。多くの状況で安定した協調関係を作るためには，しっぺ返し戦略よりももう少し報復を控えめにした方がよいだろう。その寛容さを加えた戦略として，「寛容なしっぺ返し戦略（generous tit-for-tat, GTFT）」が提案されている（e.g., Wu and Axelrod 1995; Henrich and Henrich 2007）。これはしっぺ返し戦略に寛容さを加えたもので，相手が前回のラウンドで裏切りをしても，いくらかの確率で次回ラウンドで協力をするという戦略（時々の失敗は大目に見る戦略）である。つまり，相手の裏切りがあっても，次回即座に報復することはせず，相手の裏切りを許すというものである。そうすれば，裏切りの連鎖は必ずしも生じない。

「裏切りの連鎖」の発端となった裏切りが意図的なものでなく，ノイズによる場合，寛容さを加えたしっぺ返し戦略は，単なるしっぺ返し戦略に比べて，ノイズの悪影響を少なくするのに極めて効果的であることがコンピューター・シュミレーションにより分かっている（Nowak and Sigmund 1992; Wu and Axelrod 1995）。

さらに実際の人間による実験においても，ノイズのあるディレンマ状況では，寛容なしっぺ返し戦略の方が単なるしっぺ返し戦略よりも，達成・維持される協力レヴェルは高かったことが報告されている（Van Lange, Ouwerkerk, and Tazelaar 2002）。実験は，被験者はしっぺ返し戦略を採用している相手か，寛容なしっぺ返し戦略を採用している相手のどちらかに当たり，ディレンマゲームを行うというものであった。協力状態達成の有無を観察するのみならず，実験後には被験者に相手の印象をアンケートで尋ねている。実験の結果，ノイズがあることで，単なるしっぺ返し戦略では協力達成レヴェルが下がったものの，寛容なしっぺ返し戦略では，協力達成レヴェルに差は生じなかった。さらに，寛容なしっぺ返し戦略は，ノイズの有無に拘わらず相手に対し優しい良い印象(benign impression)を与えるが，単なるしっぺ返し戦略では，ノイズのある状況ではその相手に良い印象は与えなかったということであっ

略はノイズのある環境での進化過程シュミレーションにより発生した（Nowak and Sigmund 1993; Wedekind and Milinski 1996）。

た。寛容さを備えたしっぺ返し戦略は，ノイズの発生にも拘わらず協力状態を達成・維持でき，なおかつ寛容さを持って振舞うことで，相手との相互作用において協力状態を維持しやすいような雰囲気を作っているということができるだろう（Van Lange et al. 2002）。

ノイズのある環境では単なるしっぺ返し戦略ではなく，それに寛容さを加えることにより，協力状態を維持できる。このことは規制法執行過程にも当てはまるだろう。企業の現実の行動は意図した行動と異なるかもしれないというノイズの存在を行政が認識し，それに対し「寛容なしっぺ返し戦略」を採用すると，より一層協力状態は達成されやすい[158]。ノイズにより被規制者がたとえ違反（機会主義的行動スタイル選択の結果かもしれない）をしても，それに対し単なるしっぺ返し戦略で厳格に規制法を執行するという報復をするのではなく，「大目に見ること」でノイズによる「裏切りの連鎖」をとめることが可能となる。水濁法執行において協力状態が長く達成されていることは，しっぺ返し戦略による互恵性のみならず，行政がノイズ状況を認知し，ノイズ状況に対して有効な「寛容なしっぺ返し戦略」を採用しているためとも説明できよう。

E 被規制者によって行政が取り込まれている場合

さて，今までは行政の利得構造は $a_a > b_a$ を仮定していた。つまり，被規制者が「機会主義的行動」戦略を選択する場合には，行政は「協力的法執行スタイル」戦略ではなく「抑止的法執行スタイル」戦略を選択し，水濁法の目的である水質汚濁の防止を貫くというものであった。しかし，実際の規制執行においては，行政は水質汚濁防止という明示的な法目的の実現だけではなく，それ以外の目的にも配慮した執行がなされているとみられる場合がある。例えば，被規制者の事業活動の過剰な保護が挙げられる。改善命令を発動す

---

[158] しかし，寛容なしっぺ返し戦略にも弱点はある。ノイズの発生する確率が高い場合や，相手を出し抜いて利得を得ようといった競争心がある状況の場合には，寛容なしっぺ返し戦略は搾取されてしまう。

ると被規制者が倒産してしまう場合，違反が繰り返し生じていても命令は出さないという考えを行政が持っていることもある[159]。2.2.1 E では，被規制者によって行政が取り込まれている（capture）場合を取り上げる。

協力的法執行スタイルは，言いかえれば行政に広く執行裁量が認められている場合に取りうるスタイルでもある。よって，協力的法執行スタイルの戦略を採用することは，ともすれば水質汚濁防止という規制法の目的をないがしろにし，被規制者の利益を行政自らの利益として考え行動することも可能な執行スタイルでもある。

エイヤースとブレイスウェイト（1992）は執行ゲームにおいて，行政が被規制者によって取り込まれた場合，執行のディレンマゲームはどのように変化するか，規制執行を囚人のディレンマとしたショルツのモデルを拡張して論じている（Ayres and J. Braithwaite 1992）。彼らの行った分析の基本的な流れは，取り込みによって行政の利得関数が被規制者の利得関数に引きずられ，行政の利得構造が変化することを通じて，均衡がどのように変化するかを見る，というものである。彼らの議論をここでは概観しよう。

行政の利得を U_a，被規制者の利得を U_f，取り込まれた後の行政の利得関数を U_a' とすると，取り込み後の行政の利得関数は

$U_a' = \alpha U_f + (1-\alpha) U_a$
$0 \leq \alpha \leq 1$

と表すことができる。この変数 α が取り込みの程度を表している。$\alpha = 0$ の場合は，行政の利得は取り込みの前後で変化はない。しかし $\alpha = 1$ の場合は，行政の利得は被規制者の利得と全く同一になっている。α が 0 から 1 の間ということは，取り込み後の行政の利得は，取り込み前の行政の利得と被規制者の利得との，加重平均となっている。また，計算の簡単化のため，執行のディレンマでの利得は両プレイヤーで対称とする（【表 2.6】を変形させた【表

---

[159] 北村（1997）は，行政は被規制者を過剰に保護する姿勢を持っている場合があると指摘している。

【表 2.7】取り込みゲームとなっている場合

被規制者＼自治体	抑止的法執行 Deter	協力的法執行 Cooperate
機会主義的行動 Evade	(P, P)	(T, *S'*)
協力的遵守 Cooperate	(S, *T'*)	(R, R)

取り込みによる行政の利得の変化部分は斜字体で示している。

2.7】を参照）。この利得対称のゲームでは，取り込みによって被規制者の利得が行政の利得に幾分組み込まれるため，行政にとって，裏切りへの誘惑は減少し（$T'<T$），お人よしの利得は増加する（$S'>S$）。

さて，囚人のディレンマ状況で協力状態が達成されている場合に取り込みが生じ，行政の S' の利得が P より大きくなると，被規制者に裏切られても行政は報復しない。つまり，行政は抑止的法執行スタイルの戦略を選択しない[160]。行政にとっては，機会主義的行動という裏切り戦略に対し抑止的法執行を選択するよりも，協力的法執行を選択する方が利得が高いため[161]，被規制者が機会主義的行動戦略をとっても，（機会主義的行動，抑止的法執行）という裏切り解が均衡には至らず，（機会主義的行動，協力的法執行）という戦略の組み合わせがナッシュ均衡となる（Ayres and J. Braithwaite 1992）。これは，被規制者が基準違反をし，指導に従わず違反を続けるという状況においても，

---

[160] 上が生じる条件は，

$S'>P$ つまり，

$\alpha > P-S / T-S$

である。

[161] 取り込みによって，利得の大小関係は $P>S$ から，$S'>P$ に変化する。

行政は行政命令という法規定措置を行使する意思がなく，もっぱら行政指導によって対応し，行政が被規制者に甘く見られているという状態が維持されることを示している[162]。被規制者は機会主義的行動の結果とみられる違反をしているにも拘わらず，行政は緩やかな法執行しか行っていないため，水質汚濁防止という法目的は達成されていない。この均衡状態は，国民を含めた社会全体にとって非効率的な結果であることは明白である。著者らは取り込みによるこの変化を「非効率的な取り込み（inefficient capture）」と呼んでいる[163]。

水質汚濁防止という法目的を達成するための行政による規制法執行であるが，行政がその法目的実現のために抑止的法執行を選択することが自己拘束的でなく，もっぱら緩やかな執行を行う場合，何らかの別のメカニズム——たとえば市民の参加——によって規制執行が補完される必要があろう。しかし，取り込みという危険性はあるものの，パレート最適な（協力的遵守，協力的法執行）の組み合わせ（これは同時に社会的にも効率的な状態である）を実現するには，行政には協力的法執行スタイル戦略に必要な程度の裁量が欠かせない，ということも事実である（市民の規制法執行過程への参加可能性とその場合のゲームについては後述）。

F 小括

以上，行政と被規制者の，規制執行へのスタイルをめぐる同時手番ゲーム

---

[162] なお，取り込み状態が生じるひとつの説明として，「慣性」によるものがあるだろう。行政は協力的法執行スタイルを選択することで（協力的遵守，協力的法執行）の戦略の組が，長期間にわたって実現している場合，先例に従えばより多くの場合にうまくいくという経験則から，協力的法執行スタイルの選択という現状維持を原則とする慣性は生じうる。そうなると，法目的実現のためには抑止的法執行スタイルを選択すべき状況においても，協力的法執行スタイルが堅持されることとなる。
[163] エイヤースとブレイスウェイト（1992）は，この非効率的な取り込みの他にも「ゼロ・サム的な取り込み」，「効率的な取り込み」を紹介している。この二つは，取り込み前の状態が（機会主義的行動，抑止的法執行）というパレート劣位の均衡状態にあることを想定しているが，これらは我が国の規制執行過程では考えにくいこともあり，最も問題のある形態である「非効率的な取り込み」のみを本書では取り上げた。

をモデル化し，行政と被規制者間のゲームの基本的構図を見てきた。インタヴュー調査と先行研究により，基準違反に対して行政指導が多用されており，行政命令や告発などの法的措置はほとんど発動されないということが分かっている[164]。これは，上のゲームにおいて，行政は「協力的法執行スタイル」戦略を選択しているとモデル化された。そして，第1章でみられた執行過程の特徴，とりわけ，なぜ行政指導が多用されているのか，という問いに対し，行政指導で対応することがゲームの均衡[165]となっているため，として，行政指導を使用することが均衡になり，かつそれが維持されているメカニズムを，同時手番ゲームを通じてみてきた。潜在的基準違反数は不明のため，被規制者が「機会主義的行動」戦略を採用しているのか，「協力的遵守」戦略を採用しているのかは，言い切れない。とはいえ，インタヴュー調査・先行研究の結果や，統計資料により，基準違反数は採水検査数の約1割前後であり多数の被規制者は規制を遵守していることや，違反した場合も行政指導に従って違反を是正しているということから，（協力的遵守，協力的法執行）という均衡が現実には実現していると考えられる。しかし，取り込みにより，中には（機会主義的行動，協力的法執行）が均衡として実現しているゲームが存在する可能性も，否定できないだろう。

2.2.1では規制執行過程を三つのゲームでモデル化した。調整ゲーム，囚人のディレンマゲーム，取り込みが生じたゲームである[166]。実際にどのゲーム

---

[164] 実は，水濁法のような社会的規制法において，規制違反に対して即時に法的措置をとるのではなく，まずは説得から始めるという規制執行スタイルは，我が国のみならず広く海外においても見られる現象である。程度の差はあれ（e.g., Kagan 2000），諸外国でも規制法にサンクション規定は定められているものの，法的措置をとるのは最後の手段であり，行政はまずは説得を行うのである（e.g., Hawkins 1984; Harrington 1988. また，Hawkins 2002 も参照）。
[165] 繰り返しになるが，ナッシュ均衡とは，すべてのプレイヤーが相手のプレイヤーに対し最適反応をしており，いったんその状態が達成されると，誰も行動を変えようとはしない状態のことである。よって，繰り返して観察される定型的事実や，行動パターンがあるとすれば，それは，一人だけが行動を変えても得をしないという安定性を持ったナッシュ均衡だと考えられる。
[166] 本書で取り上げた調整ゲーム【表2.2】と囚人のディレンマゲーム【表2.3】との共通点と相違点をまとめると，以下のようになる。共通点としては，両方のゲームで（機会主義的行動，抑止的法執行）の戦略の組み合わせよりも，（協力的遵守，協力的法執

が生じているかは，各行政と各被規制者の利得構造によって，つまり，それぞれの行政と被規制者の組み合わせによって，異なると考えられる。

　本書が取り上げた調整ゲームは，均衡が複数存在し，その均衡にはパレート支配している均衡が一つ存在しているという構造であった。調整ゲームでは，どの均衡が実現するのかは一概には言えない。しかし，フォーカル・ポイント，具体的には，パレート最適性やコミュニケーション，戦略の内容自体が持つ意味，先例等によってフォーカル・ポイントが提供されることによって，パレート最適な（協力的遵守，協力的法執行）の均衡が実現できることが示された。

　調整ゲームと理解することができる具体例を，一つ挙げよう。第1章では，ある自治体において，立入検査など被規制者と接触する際，行政は話しやすい雰囲気を作り被規制者と接触する点が指摘されていた。被規制者は，行政に厳しく検査，対応されるのではないかと懸念していても，行政がそのような協力的な姿勢を見せることで，被規制者も行政に好意的な姿勢をとるという。自発的に遵守しており，また何か疑問が生じたらすぐに市へ相談したり，自主検査で違反結果や違反に近い数値結果が出た際にも，市へその旨連絡するという。これは，調整ゲームでパレート優位解が実現している状況としてみることができるだろう。行政が協力的法執行スタイルを選択しようとして

行）の組の方がパレート優位であるという点である。また，相手にそのパレート優位の戦略の組から逸脱されると自分の利得が減少してしまう点も同様である。一方，相違点は，囚人のディレンマの場合，パレート最適である戦略の組から自分が逸脱することで得をするインセンティヴ構造になっているが，調整ゲーム（本書では$c_a > b_a$，$b_f > c_f$の場合スタグ・ハントゲームとなる）では，そのような構造はない。しかしスタグ・ハントゲームの場合には逸脱によって自分にとっての最悪な事態は回避できる。

　現実の事例では，ゲームが囚人のディレンマなのか，調整ゲーム（スタグ・ハント）なのかはっきりと分からない場合もあるだろう。例えば，同僚二人がお互いに助けあうか合わないか，というゲームを考えてみた場合，囚人のディレンマとも調整ゲーム（スタグ・ハント）ともどちらもありうる。二人の同僚のゲームは以下の利得表に表すことができる。

同僚A/同僚B	助けない	助ける
助けない	1, 1	?, ?
助ける	?, ?	4, 4

いることが分かると，調整ゲームの利得構造をしている被規制者は，安心して協力的遵守スタイルを選択できる。

規制執行過程が囚人のディレンマ構造をしている場合，一回限りのゲームでは裏切り解が均衡になるが，水濁法執行過程のように，プレイヤーらは長期間にわたり同じ相手とゲームをプレイするという繰り返しゲームであるときには，パレート最適な協力解である（協力的遵守，協力的法執行）が実現可能であった。ここには互酬性（互恵性）（reciprocity）を見ることができる。相手とは継続的関係があると両者が認識している場合，お互いが将来の利得を重んじて相互利益をもたらしてくれる行動が選択される。ノイズがある場合に寛容なしっぺ返し戦略が有効なことも，この点で同様である。

囚人のディレンマゲームと理解することができる具体例を，一つ挙げよう。第1章では，行政は，被規制者の自発的な遵守や行政への協力を促すには，行政指導を通じて被規制者と協力的関係を維持した方が有効である点が指摘されていた。行政は違反に対し行政指導を通じて穏やかに規制法執行を行うことで，被規制者も進んで規制を遵守し，行政指導に従うなど，行政に協力している。被規制者が協力することで，また行政は執行を穏やかに行う。このように，行政と被規制者の間には互酬性の関係が見いだせる。また，行政が積極的に協力姿勢を見せると，被規制者もそれに応え協力的対応を取るということも，第1章で指摘された。逆にいえば，被規制者が進んで遵守をするよう導くためにも，行政は厳しい対応は取りにくい[167]。この点に関しては，北村も，行政命令が発動されない理由の一つとして，多くの自治体が，被規制者との協調関係維持を重視していることを挙げている（北村 1997: 54）。行政命令を発動することにより，相手方被規制者が非協力的になること，すなわち，被規制者は法の抜け穴を探して活動したり，行政の目を盗んで違法

---

[167] この点については，阿部（1994: 58-59）も指摘している。「たとえば，規制行政において，行政決定に際して，被規制者からの自発的な情報提供が不可欠であり，また，被規制者が行政決定を自発的に遵守しなければ，規制目的の実現は困難であるような場合，行政機関は，被規制者との間に良好な関係を形成し，維持していく必要があり，それゆえ，被規制者の選好をまったく考慮せずに，行政機関自身の観点から規制目的にもっとも合致すると判断した決定を行うことは，法による授権の範囲内であっても困難であろう。」

活動をするようになるなど，望ましくない結果が招来することを，行政は懸念している。2.2.1の考察より，これは，ゲームとしてモデル化できるのだった。行政命令を出すことで今後被規制者が非協力的になることを避けるため，行政は被規制者との協力的関係を維持しようとしているが，これはまさに，行政の割引率が低く，行政は将来利得を大事にしている，ということに対応する。換言すれば，囚人のディレンマゲームになっている場合においても，ゲームが繰り返しプレイされることが共有知識となっており，かつ行政の割引率が十分低い場合，行政は，現時点で違反を厳しく取り締まり短期的に大きな利得を獲得するよりも[168]，被規制者の遵守や協力的態度を将来にわたって獲得・維持するという長期的利得を重視するために，行政は高い現在利得を獲得しようとはしないのである。このメカニズムは，被規制者についてもそのまま当てはまる。

　本書での調整ゲームと囚人のディレンマゲームにおいては，ともに，コミュニケーションが可能なことで，調整が成功したり，協力解が達成される可能性が飛躍的に高まることが示された。そしてこのことは，そのまま規制執行過程について当てはまる。行政と被規制者は，基準違反とその対応のみの関係ではなく，届出や立入検査などの際に定期的に顔を合わせ，情報交換をしている。行政と被規制者の担当者はお互い顔なじみでもある。このような状況から，執行過程が調整ゲームであれ囚人のディレンマであれ，コミュニケーションを通じて，パレート最適な（協力的遵守，協力的法執行）の組み合わせが実現し，維持される可能性はさらに高まると考えられる。しかし，ゲームの構造によって，コミュニケーションの担う役割が異なることも，忘れてはならない。調整ゲームの場合，コミュニケーションは，フォーカル・ポイントを提供することで，パレート最適解を導くのであったが，囚人のディレンマゲームでは，コミュニケーションは協力行動を促進する。このように，同じコミュニケーションが同じパレート最適解を導くとしても，その働きが異なるのである。

　規制者と被規制者の相互依存関係において，コミュニケーションをはじめ

---

[168] 命令や刑罰などの厳格な対応を取る方が，現時点の違反是正には効果的である。

とした相互理解の重要性は，以前から指摘されていた。例えば，マイディンガー（1987）は，行政と被規制者の関係を「規制コミュニティ（regulatory community）」と呼び，そこでのコミュニケーションを通じた協力や信頼関係の醸成が，規制遵守にとって重要であるとしている（Meidinger 1987）。以上の考察により，規制執行において，行政と被規制者間のコミュニケーションが重要であるが，なぜ重要であるのかについて，二種類の説明ができることがわかる。

　実証研究では，被規制者の，自分は行政にどのように扱われているのかという認識が，遵守など被規制者の規制法に対する反応に影響を及ぼしていることも指摘されている。被規制者が，自分は行政によって，正当に扱われているという認識を持つと，その分，行政に対し信頼を増し遵守が達成されやすい。この点は，2.2.1で紹介したゲームで説明するとすれば，（協力的行動，協力的法執行）という均衡が達成され，互恵性が成立しているということに他ならない。

　ブレイスウェイトは，実証的分析から規制者と被規制者間には信頼関係を確立することが規制遵守を促すと主張している（V. Braithwaite 1995; Braithwaite, Murphy, and Reinhart 2007）。このことは，被規制者と直接接触する第一線の職員について特に言えることだろう（McCaffery and Martinez-Moyano 2006）。規制者と被規制者の関係が密接になることは，情報格差が減少，相互理解が容易になり協力が促進されるといった良い点もある。しかしその一方で，規制者は，基準違反など被規制者の抱える違反問題を特に有害だとは認識せず，またその問題を大きく取り上げることは被規制者の事業を混乱させると考え，その問題は「大したことない」とか，「よくあること」として受け入れてしまうかもしれない。

2.2.2 サンクションの存在——逐次手番ゲーム

A ゲームの基本形

2.2.1の同時手番ゲームでは,行政と被規制者間の協力的関係やコミュニケーションの存在がクローズアップされていた。しかし,行政指導がもっぱら使用されている一方で,インタヴュー調査や先行研究[169]では,行政命令の働きも示されている。行政には,「違反に対し行政は行政命令を発動し,強権的に違反を是正できる」という権限が法により付与されている。そして,行政はその権限を利用して,被規制者から規制遵守を引き出すことができる。以下では,2.2.1では扱わなかった規制執行の側面,すなわち,法が行政に付与した法目的実現のための強制力が,行政と被規制者とのゲームでどのように関わってくるのかを見ていこう(なお,3.3.2でこの点は再度扱うことになろう)。

具体的な規制執行の場面では,まず被規制者が基準を違反し,そのことを知った上で行政が対応をする,それに対し被規制者が再度対応する…というように,行政と被規制者の行動は代わる代わる続いていく。よって,以下では逐次手番型のゲーム[170]で執行過程をモデル化する。

逐次手番ゲームでは,「信憑性のある脅し(credible threat)」が重要な役割を担うことが明らかにされる。まずはこのことを明確に示すために,ゲームの基本形を表す(【図2.1】を参照)。

ここでは次のようなゲームの状況を考える。まず最初に,被規制者が規制を遵守するか,違反するかを選択する。遵守を選択した場合,その時点でゲームは終了する。被規制者が規制違反を選択した場合,次に行政が,行政命令を発動するか,行政指導を行うかのどちらかを選択する。

---

[169] 六本(1991; 37)。
[170] 逐次手番型のゲームとは,あるプレイヤーがまず意思決定をし,その後別のプレイヤーが意思決定をするといった,時間を通じた意思決定が行われる場合を指す。その際は展開型(extensive form)によるゲームの表現をすることが多い。同時手番ゲームでは,戦略型(strategic form)を使用したが,異時点の意思決定や情報の非対称性を表現したい場合は,展開型による表現を使う方が便利である。

被規制者の利得構造は，もし行政が違反に対して行政指導という緩やかな対応を取るのなら，違反した方が利得が高いとする。だが，もし行政が命令を発動させるならば，違反をするより遵守した方がよいとする（Cf>Af>Bf）[171]。

行政の利得は，行政の働き掛けがなくとも被規制者が最初から進んで規制を遵守している状態が最も望ましいので，Aaが最も大きい。さて，被規制者が違反をした場合，行政は行政命令を出した方が利得が高いと仮に定めよう。すると，行政の利得構造はAa > Ba > Caとなる。ゲームの構造[172]は共有知識であると仮定すると，サブゲーム完全ナッシュ均衡[173]は（遵守，命令）となる（【図2.1】A参照）。被規制者は，自分が違反をすると行政は命令を発動することを見越し，命令を発動されるよりは最初から遵守する方がよいため，均衡は（遵守，命令）となる。

では，行政の利得がAa > Ca > Baの場合はどうなるのであろうか。この場合サブゲーム完全ナッシュ均衡は（違反，行政指導）の組み合わせである[174]。

---

[171] もし，規制遵守の場合に，被規制者の利得が最も高い場合は（Af>Bf,Cf），被規制者が最初に規制を遵守してゲームは終了する。
[172] ゲームのルール（各人がどのような行動をどのようなタイミングで取ることができるか，またどのような情報をどのようなタイミングで知ることができるかについての規定）と各人の利得のことを指す。
[173] 逐次手番のゲームでは，ナッシュ均衡よりもさらに精緻化された，「サブゲーム完全ナッシュ均衡（subgame perfect Nash equilibrium）」が均衡概念として用いられる。サブゲーム完全ナッシュ均衡とは，当該ゲームのすべてのサブゲームにおいて，その戦略がナッシュ均衡になっている均衡を指す（ギボンズ1995）。元のゲーム自体もサブゲームに含めるのが通常なので，サブゲーム完全ナッシュ均衡はナッシュ均衡に必ずなっている。ただ，すべてのナッシュ均衡がサブゲーム完全ナッシュ均衡とはならない。以下で取り上げるように，ナッシュ均衡には「信憑性のない脅し（incredible threat）」も含まれるため，均衡概念の精緻化が必要とされている。サブゲーム完全ナッシュ均衡を求めるには，逆向き推論法（backward induction）が用いられる。
[174] ナッシュ均衡は（違反，行政指導）と（遵守，命令）の二つであるが，ナッシュ均衡である（遵守，命令）は，実際に被規制者が規制に違反すると，行政は命令ではなく指導を行うため，実際に規制違反状況が起こると最適でなくなるような行動戦略である。このような行動戦略を「信憑性のない脅し」と言い，逆向き推論法によってサブゲーム完全均衡から排除されている。

【図 2.1】 逐次手番ゲームの基本形

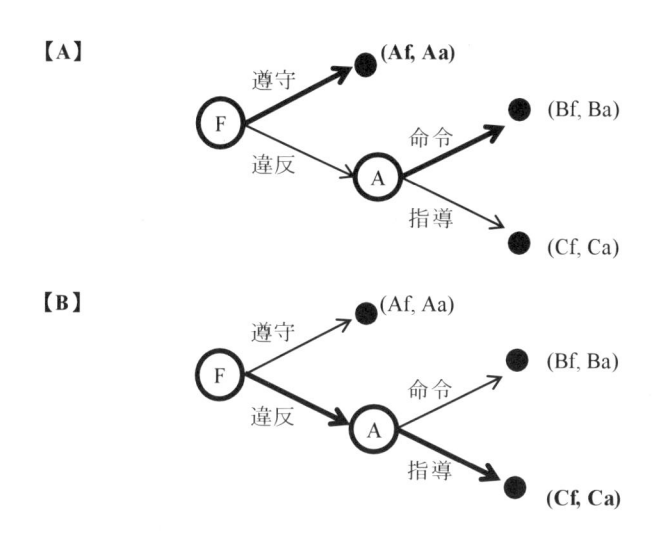

【A】

【B】

被規制者の利得：Cf>Af>Bf

行政の利得：　図A　Aa>Ba>Ca　；図B　Aa>Ca>Ba

　ここで重要なのは，被規制者が違反をした場合，行政が行政命令を発動することに信憑性があるかどうか，つまり，被規制者の違反に対し行政が本当に命令を発動すると信じられるかどうか，ということである。【図2.1: A】のように，サブゲーム完全ナッシュ均衡が（遵守，命令）ということは，被規制者にとって，行政が命令を出すことが「信憑性のある脅し」となっており（つまり，実際に被規制者が違反をしたら行政命令が発動される），この「信憑性のある脅し」を受けて，被規制者は基準を遵守していることを表している。一方，【図2.1: B】においては，行政の利得はAa>Ca>Baであるため，実際に被規制者が違反した場合，行政は命令ではなく行政指導を行うインセンティヴ構造になっている。よって，行政命令を発動するということは信憑性のない脅しとなり，被規制者は違反をし，行政は行政指導を行うということ

がサブゲーム完全ナッシュ均衡となる。行政命令が「信憑性のある脅し」として機能するかどうかは，行政の利得構造に依存する。上の基本形では，プレイヤーの利得は共有知識と仮定していたため，被規制者は「信憑性のない脅し」には屈することなく，違反を選択する。

B　行政の利得構造が私的情報の場合と，違反発覚の不確実性

2.2.2.Aの基本形では，行政の利得構造を，違反に対する対応によって二種類にタイプ分けしていた。聴き取り調査や先行研究からも，自治体によって，どの程度行政指導を優先して使用しているのか，その考え方には温度差があった。行政指導ありき，という考え方をしているところもあれば，行政命令も辞さないという考えの自治体もある。このように行政を二つにタイプ分けすることも現実に即しているだろう。

被規制者にとって，違反に対し行政命令を発動されることが最も避けたい場合であり，行政命令が「信憑性のある脅し」である場合に，行政命令を発動すると伝えることで被規制者を規制遵守に導くことができることを，基本形Aでは示した。基本形Aでは，プレイヤーの利得は共有知識と仮定していたため，被規制者は「信憑性のない脅し」には従わず，違反に対し行政指導で対応するタイプの行政に対しては，規制違反を選択するのが，サブゲーム完全均衡であった。

しかし，実際の規制執行場面では，被規制者にとって，自分が面と向かっている行政が，違反に対して指導を好むタイプなのか，命令を好むタイプなのかは不明であるとすることが，より現実的であろう。一方，行政は，自身がどちらのタイプなのかは知っている。このように，現実では，行政の利得構造は，被規制者は知らないが，行政は知っているという点で，行政の私的情報になっているだろう。以下では，この私的情報を組み込んだ簡単な不完備情報のゲーム・モデル[175]を立て，その帰結を見てみることとしよう[176]。

---

[175] ゲーム理論では，プレイヤーの一方のみが知っていて，他方は知らない情報が存在するゲームを，不完備情報のゲーム（incomplete information），またはベイジアン・ゲ

行政には「タフなタイプ」と「ソフトなタイプ」の二種類のタイプがいるとする。「タフなタイプ」とは，違反には行政指導よりも行政命令を発動する方が望ましい，という利得構造を持っているタイプの行政である。一方，「ソフトなタイプ」とは，違反に対し行政指導で対応し，行政命令は発動しないという利得構造を持っているタイプの行政である。被規制者は，行政にはタフとソフトの二種類のタイプがいることは分かっているが，自分が直接面している行政がどちらのタイプに属しているのかは，わからない。

ゲームの流れは以下のようになる。まず「自然（nature）」が行政のタイプをタフ・タイプか，ソフト・タイプかを確率的に決定する[177]。被規制者は，直面している行政が確率 r でタフ・タイプ，確率（1−r）でソフト・タイプであると考えている（$0 \leq r \leq 1$）[178]。その後，被規制者は規制を遵守するか違反するかの選択を行うが，その際，自分が直面している行政のタイプはわからない。被規制者が遵守を選択した場合，ゲームはそこで終了する。一方，被規制者が違反を選択した場合[179]，行政はその違反に対する対応として行政命令か行政指導かを選択し，ゲームは終了する（【図2.2】参照[180]）。以下では，被規制者が最初から規制を遵守した状態を CL（compliance），違反が発見され行政指導となった状態を AG（Administrative Guidance），行政命令となった

ーム（Bayesian game）と呼ぶ。
[176] 以下のモデルは，Morrow（1994: 199-211），曽我（2005: 212-214）を参考にした。
　なお，規制執行における行政と被規制者との逐次手番ゲームでは，被規制者が違反や遵守状況についてそれを行政に申告するかしないか，に着目したモデルもあるがここでは立ち入らない。詳細は，Graetz, Reinganum, and Wilde（1991），Helland（1998）参照。
[177] 「自然」とは，自分の意思をもって行動を選択するのではなく，決められた確率に従ってランダムに行動を決定する，仮のプレイヤーを指す。
[178] この見積もり確率 r のことを，ゲーム理論では「信念（belief）」という。
[179] 単純化のため，違反をするとその違反は確実に行政によって発見されると仮定する。この仮定により，行政のもつ私的情報の影響に焦点を当てることが可能となる。すべての違反が発見されない場合については，後述。
[180] 被規制者の二つの意思決定ノード（node）を結ぶ図の点線は，「情報集合（information set）」を示している。情報集合とは，次の二条件を満たす決定節（node）の集まりである（ギボンズ 1995）。
　①プレイヤーは情報集合のどの節でも自分の手番になっている。
　②情報集合の一つの節にゲームのプレイヤーが達したとき，そこでの手番を持つプレイヤーは，その情報集合の節のうち，どこに自分がいるのかわからない。

【図 2.2】 行政のタイプが私的情報の場合

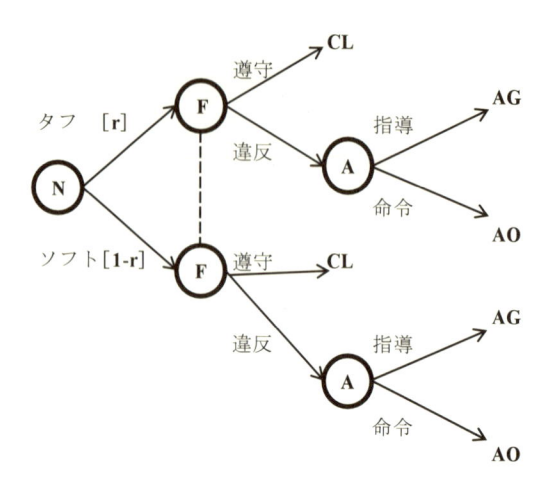

```
                         遵守
                    ┌──────── CL
                    │                    指導
           タフ[r]   F              ┌──────── AG
        ┌──────────  │              │
        │           違反  ┌── A ──┤
        │           └────┤        └──────── AO
        N                │              命令
        │           遵守  │
        │          ┌─────┴── CL
        │ソフト[1-r]│
        └────────── F              指導
                    │              ┌──────── AG
                    │違反          │
                    └────── A ────┤
                                   └──────── AO
                                         命令
```

被規制者　Uf(AG)> Uf(CL)> Uf(AO)

行政：タフ　Ua(CL)> Ua(AO) >Ua(AG)

行政：ソフト　Ua(CL)> Ua(AG) >Ua(AO)

状態を AO（Administrative Order）と呼ぶことにする。

　プレイヤーの利得構造は以下の通りとする。まず，被規制者の利得を Uf とし，基本形 A 同様，利得の順序は Uf (AG) >Uf (CL) >Uf (AO) とする[181]。つまり，被規制者にとって，違反しても行政指導で対応されるならば，遵守コストの負担が延期（先延ばし），もしくは削減できるため 3 つの帰結のうち最も利得が高いとする。そして，違反に対し行政命令を発動されることが最も利得が低い。行政命令を発動されるよりは，最初から規制を遵守した方が良いとする。

　行政の利得 Ua はタフ・タイプとソフト・タイプともに，被規制者が最初

---

[181] もし，被規制者の利得が Uf(CL)>Uf(AG),Uf(AO)の場合は，被規制者は最初から基準を遵守するため，行政のタイプに関係なく遵守が選択され，ゲームは終了する。

から規制を遵守してくれる状態が最も利得が高い。しかし違反に対する対応は，タイプによって異なる。タフな行政は，違反には行政命令を発動させる方が指導を行うよりも利得が高い。一方，ソフトな行政は，違反に対し行政指導を行う方が利得が高いとする。よって，行政の利得はタフ・タイプの場合，Ua(CL) > Ua(AO) > Ua(AG)，ソフト・タイプの場合，Ua(CL) > Ua(AG) > Ua(AO)とする。

完全ベイジアン均衡は以下のとおりである。

When $r \leq r^*$
　被規制者：違反
　行政：　$\begin{cases} 行政命令 & \text{if タフ} \\ 行政指導 & \text{if ソフト} \end{cases}$

When $r \geq r^*$
　被規制者：遵守
　行政：　$\begin{cases} 行政命令 & \text{if タフ} \\ 行政指導 & \text{if ソフト} \end{cases}$

$r^* = \{Uf(CL) - Uf(AG)\} / \{Uf(AO) - Uf(AG)\}$

ここから以下のことがいえる。第一に，被規制者は，自身が直面している行政がタフ・タイプであるという信念 r が，ある閾値を超えている場合は，最初から規制を遵守する。しかし，閾値を超えていない場合は，被規制者は違反を選択する。第二に，その閾値の値は，被規制者の利得の値によって変化する。すなわち，被規制者にとって，違反して行政命令を受けるコストがより大きい場合には遵守になりやすく，逆に行政命令によるコストがそれほど大きくなければ違反になりやすい。また，被規制者にとって，違反して行政指導を受けることの魅力が大きく，かつ最初から遵守することがそれほど魅力的でないならば，違反になりやすい。逆に，違反して行政指導を受ける利得と最初から遵守することによる利得にそれほどの差がないと，遵守にな

りやすいことも分かる。第三に，被規制者の信念がある閾値を超えている場合，ソフト・タイプの行政も，最初から遵守を引き出すことができる。行政の利得構造が共有知識である場合は，ソフト・タイプの行政に対しては被規制者は違反をするのであった。しかし，行政のタイプが不完備情報である場合は，ソフトな行政も，被規制者が当該行政はタフだと誤認している場合には，自分はタフ・タイプであり，被規制者が違反をした場合は行政命令を発動する，というブラフ（はったり）をすることができる。

このように，行政のタイプによって，被規制者の行動は変化する。以下では，被規制者の行動に影響を与えるもう一つの要素，つまり，排水基準違反の発見の可能性についても，簡単なモデル化を行おう。被規制者が規制に違反した場合でも，行政は人的・金銭的・時間的リソースの限界から，すべての違反を発見することができないと仮定する。行政は違反に対し行政命令を発動するかどうか，という点のみならず，そもそも違反が行政によって発見されるか，という違反発見の不確実性によっても，被規制者の行動は変化することが示される[182]。

以下のようなゲームを考える。まず，被規制者が，規制を遵守するか違反するか，いずれかを決定する。被規制者が遵守を選択した場合，ゲームはここで終了する。被規制者が違反を選択した場合，確率 q でその違反は行政によって発見されるが，確率 $(1-q)$ で規制違反は発見されない。違反が発見されなかった場合も，ゲームはそこで終了する。行政が違反を発見した場合，行政はそれに対し行政指導か，行政命令かのどちらかを選択する。なお，違反が発見されなかった場合を，ND（not detected）とする。

---

[182] すべての違反が発見されない場合については，Langbein and Kerwin (1985) もモデル化を行っている。しかし，彼らのモデルは，行政をプレイヤーとは定めず，被規制者単独の意思決定に注目している。

【図 2.3】すべての違反が発見されない場合

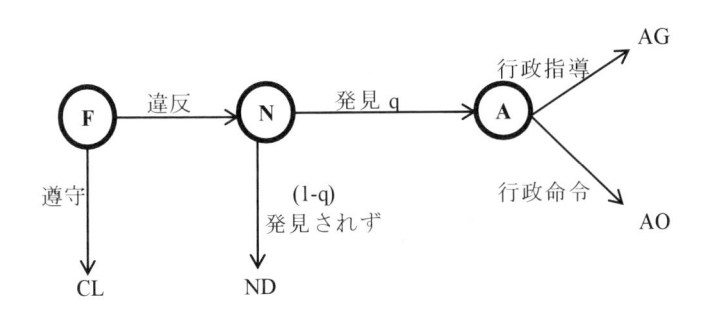

```
         違反          発見 q       行政指導
    F ────────→ N ────────→ A ────────→ AG
    │           │                    
 遵守│      (1-q)│                    行政命令
    │      発見されず                  ────────→ AO
    ↓           ↓
   CL          ND
```

被規制者　Uf(AO)< Uf(AG), Uf(CL)< Uf(ND)= 0

行政：タフ　Ua(AG)< Ua(AO)< Ua(CL)

行政：ソフト　Ua(AO)< Ua(AG)< Ua(CL)

　被規制者の利得 Uf は，Uf (AO) ＜ Uf (AG)，Uf (CL) ＜ Uf (ND) とする。つまり，被規制者にとって，違反に対し行政命令を発動されることが最も利得が低く，違反をしてもそれが発見されない場合が最も利得が高い。行政指導や最初から規制を遵守する際の利得は，その間に位置する。また，計算の単純化のため，以下では Uf(ND)=0 とする。

　行政の利得は，タフ・タイプ，ソフト・タイプとも，【図 2.2】と同様とする[183]。違反に対する対応やモニタリング・コスト，環境への悪影響がない CL の状態を，行政は最も好むとする。

---

[183] Ua(ND)の位置は，Ua(CL)より小さいという以外は，特に定めない。

サブゲーム完全ナッシュ均衡は以下の通りである。

行政がタフ・タイプの場合,
　被規制者：$\begin{cases} 違反 & \text{if } q < Uf(CL)/Uf(AO) \\ 遵守 & \text{if } q > Uf(CL)/Uf(AO) \end{cases}$
　行政：行政命令

行政がソフト・タイプの場合,
　When $Uf(AG) < Uf(CL)$,
　　被規制者：$\begin{cases} 違反 & \text{if } q < Uf(CL)/Uf(AG) \\ 遵守 & \text{if } q > Uf(CL)/Uf(AG) \end{cases}$
　　行政：行政指導
　When $Uf(AG) > Uf(CL)$,
　　被規制者：違反
　　行政：行政指導

　上から，以下の点を導くことができる。第一に，被規制者の抱く違反発見の確率 q が，ある閾値を下回ると，被規制者はたとえ相手がタフ・タイプの行政でも違反を選択する。しかし，第二に，確率 q の閾値は，行政のタイプによって大きさが異なり，タフ・タイプの行政と相対している場合の閾値は，ソフト・タイプの行政と相対している場合の閾値よりも，常に小さい。これは，確率 q が閾値を下回りにくいことを意味している。よって，タフ・タイプの行政に対しての方が，相対的に違反は選択されにくい。第三に，閾値は被規制者の利得の値によって，変化する。行政命令や行政指導を受けた際の利得が低く，かつ被規制者にとって違反が発見されないことの魅力が少ないほど，遵守は選択されやすい。しかし，違反の発見されないことが魅力的であり，かつ行政命令や行政指導を受けた場合の利得がそれほど低くない場合には，最初から違反が選択されやすい。

C 行政指導の前置——少ない行政命令で違反を抑える

ここでは，視点を変え，行政と被規制者の一対一の関係ではなく，行政は数多くの被規制者からなる一連の被規制者群と対面しているという構図を考えてみる。

2.2.1.D ですでに触れたように，被規制者は遵守するつもりであっても，ミスにより基準を超え，違反してしまう場合もある。また，行政命令は被規制者に常に大きなコストを負担させると考えてきたが，行政命令の乱発によってその権威が下がる可能性も考えられる[184]。上では被規制者は遵守を選択すればかならず遵守という結果が生じること，違反企業数に拘わらず行政命令には常に威力があるとしてモデル化したが，ここではその条件を緩めよう。被規制者が遵守するつもりでも一定の確率で違反してしまう状況であり，かつ行政命令を多発すると命令の効力が下がるという状況を取り上げる。ナイボルグとテッレはこのような状況の場合，違反に対しすぐに訴追するのではなく，まず警告（warning）をし，その警告に従わない相手にのみ訴追をすることで，規制者はより一層管理が容易になるというモデルを示している。以下では警告を行政指導に，訴追を行政命令に置き換えて[185]，彼らの議論を紹介しよう（Nyborg and Telle 2004）。

まず，仮定として，違反企業数が少ないほど行政命令の脅しは有効であるが（つまり被規制者にとって，遵守コストよりも命令を受けた場合のコストの方が負担が大きい），違反する被規制者が増え，その違反企業数がある臨界

---

[184] 北村（1997）には，行政命令が多発されることで，逆に行政命令の抑止効果が低下し，違反数は減少しないとみられる実態のあることが指摘されている（北村 1997: 52-53）。

[185] もちろん，訴追（prosecution）と行政命令は全く異なるものである。しかし，ナイボルグ・テッレは，違反に対する規制者の選択肢として，警告と訴追の二種類のみを戦略としてモデル化しており，日本の行政ではそれは行政指導と行政命令に対応させて考えてもよいと思われる。水濁法執行では行政は違反に対し告発は考えないため，行政命令が行政の取りうる最後の措置となっている。よって，被規制者にとって不利益が少ない警告・行政指導をするか，被規制者にとって不利益が大きいであろう訴追・行政命令をするか，という，違反に対する規制者（行政）の選択肢の構造は同じである。

値を超えると，行政命令の効果は違反を抑止するのに不十分である（つまり遵守コスト負担の方が命令を受けるコストよりも大きくなる），と定める。これは，違反に対し行政命令を多発することで，結果的に行政命令の権威が低下，インフレ化が起こり，また命令数が多いことで命令後のフォローが行き届かず，命令の持つ抑止効果がなくなること，さらに違反が多いことで違反に対する社会的非難の程度が弱まること[186]に対応する。また，被規制者は遵守するか，違反するかの意思決定をまず行った上で行動を起こすが，遵守を選択しても，確率q（$0 < q < 1/2$）で何らかのミスが生じ結果として違反してしまう。一方，違反を選択した場合はそのまま違反となる[187]。プレイヤーたる被規制者はN社存在する（Nは有限）[188]。上の仮定から，ゲームの均衡は二つあることがわかる。すなわち，ひとつの均衡は，被規制者全員が最初の意思決定において遵守を選択すること（均衡①とする）であり，いまひとつの均衡は，被規制者全員が最初の意思決定において違反を選択すること（均衡②とする）である。

また，以下のように定める。被規制者らは，遵守するかどうかの意思決定は同時に行うが，各期の終わりには，行政命令発動数によってその期の違反企業数を知ることができる。遵守にはコストがかかること，全体の違反企業数が少ない場合は命令により被るコストも増えることから，t期において，違反企業数がある臨界値よりも少ない場合，被規制者らはt+1期で意思決定として遵守を選択する。しかし，t期で全体の違反数が臨界値を超えている場合は，被規制者らはt+1期で，最初の意思決定の段階で違反を選択する[189]。

均衡は①（被規制者全員が最初の意思決定の段階で遵守を選択する）と，②（被規制者全員が最初の意思決定の段階で違反を選択する）の二つ存在するが，ミスによる違反が生じることによって，均衡が①から②へ移動する可

---

[186] この点については，3.2.1 に後述。
[187] 分析を単純にするため，違反をしたら確実に行政によって発見されるとする（Nyborg and Telle 2004）。
[188] ナイボルグらの分析では，行政は明示的なプレイヤーとしては登場していない。
[189] ナイボルグらは，被規制者のプレイについて，神取他(1993)による best reply dynamic に沿っていると仮定している（Kandori, Mailath, and Rob 1993）。

能性がある。つまり，被規制者がみな遵守を意図しても，確率 q で違反は発生する。よって，臨界値を v, 行政命令を受けた違反企業数を n と定めると，(t−1) 期では違反企業数が v を超えていなくても，t 期において n>v となる可能性があるということになる[190]（【図 2.4】のカーブ矢印を参照）。いったん違反企業数が臨界値 v を超えると，t 期以降は，均衡②へ流れてしまう。均衡②へ至った場合，行政は行政命令を多数発動するも，行政は違反を制御できない状態に陥る。

【図 2.4】 イメージ図

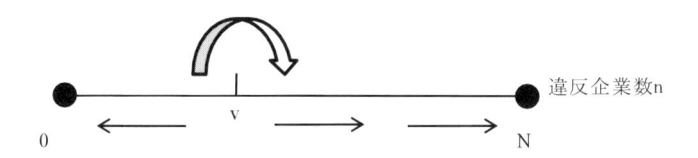

上の分析を踏まえ，均衡①から均衡②へ切り替わる確率を減少させる方法として，警告（行政指導）が使われていると考えることができる。ナイボルグらの分析によれば，違反に対し即座に行政命令を発動するのではなく，行政指導を介在させることによって，均衡①から均衡②へ移転する確率はかなり減少する。以下ではこのことを説明する。

検査により違反が発見された場合，被規制者は行政指導を受ける。その行政指導に従い違反を是正すると，行政命令は発動されず，違反に対する行政の対応はそれで終了する。行政指導を受けた場合，遵守コスト C[191] に加え違反が是正されたことを行政に証明するための証明コスト V を，被規制者は負

---

[190] この確率は二項分布に従う（Nyborg and Telle 2004）。
v^+ を v に最も近い整数とすると（$0<v \leqq v^+$），

$P(n^t > v \mid n^{t-1} \leqq v) = \sum_{\{v^+ \leqq n \leqq N\}} {}_N C_n q^n (1-q)^{N-n}$

[191] この点については，後述。

【図 2.5】行政指導の前置

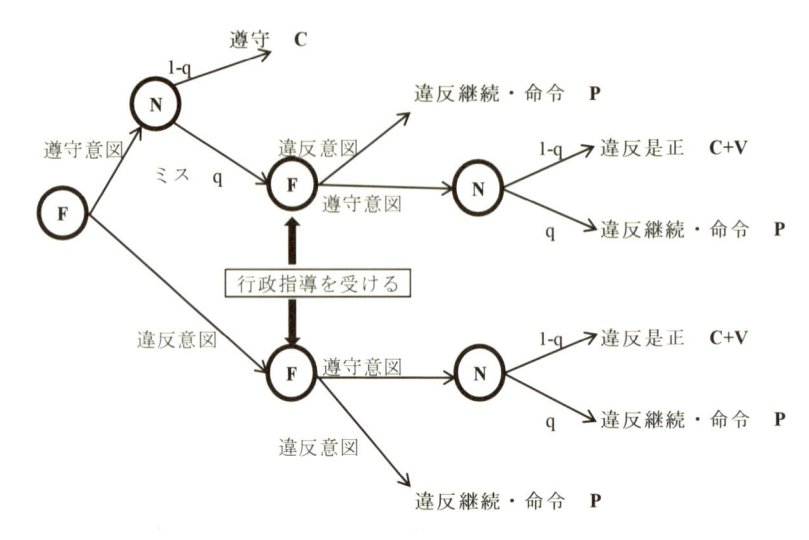

Nyborg and Telle (2004) を参考に作成。なお,被規制者が最初遵守を意図したが,ミスによって違反になり,その後違反を意図した場合の利得 P については,後述。

担するとする。違反した場合はコスト P を負担する。被規制者の意思決定の流れは【図 2.5】のようになる。

　被規制者の意思決定は 2 回ある。一つ目は,最初に遵守を意図するかどうか,二つ目は,ミスであれ意図的であれ一回目に違反となった場合,次に遵守を意図するかどうか,というものである。t 期において被規制者 i の一つ目の意思決定を x_{1i}^t,二つ目の意思決定を x_{2i}^t とすると,被規制者の取りうる純粋戦略 S= (x_{1i}^t, x_{2i}^t) は,S^1=(遵守意図,遵守意図),S^2=(遵守意図,違反意図),S^3=(違反意図,遵守意図),S^4=(違反意図,違反意図)の 4 つである[192]。被規制者には 2 回意思決定のチャンスがあるため,最初は違反して

---

[192] 戦略 S^j (j= 1, 2, 3 ,4) の期待コストを $\Omega(S^j)$ とおくと,以下のようになる (Nyborg andTelle 2004)。

行政指導を受けた後，違反を是正すればよい（S^3を採用する）と考えるかもしれない。しかし，上の仮定では，最初違反をし，その後違反是正を行うというS^3は，S^2によって支配される戦略である（Nyborg andTelle 2004）[193]。よってS^3は選択されない。

行政指導なしの場合と同様，行政指導が介在する場合でも，均衡は，①被規制者全員が最初の意思決定において遵守を選択することと，②被規制者全員が最初の意思決定において違反を選択することの二つある[194]。よって，（t－1）期で行政命令を受けた違反企業数が v を下回っている場合は（$n^{t-1} \leq v$），t期では被規制者はみなS^1を選択するが，（t－1）期で違反企業数がvを上回っている場合は（$n^{t-1} > v$），t期では被規制者はS^4を選択する。ここでも，被規制者は遵守を意図しているにもかかわらず，確率qでミスにより違反をしてしまうため，x_{1i}^t，x_{2i}^tとも遵守を意図したにも拘わらず，結果として違反，行政命令を受けてしまう可能性もある。しかし，行政指導がない場合は各被規制者がミスにより違反し行政命令を受ける確率はqであったのに対し，行政指導が介在していることで，各被規制者がミスにより行政命令を受ける確率はq^2（$\ll q$）と減少している。したがって，均衡が，①から②へ切り替わってしまうその可能性は，行政指導がない場合に比べ，行政指導が介在していることで，大きく減少することが示される。

以上から次のことが言えるであろう。被規制者が遵守の意図があるにもかかわらずミスにより違反をする状況においては，一度行政指導を介在させ，指導後にも違反となった場合に行政命令を発動することで，最終的に行政命令対象となる違反企業数は減少し，行政命令の権威も維持されることとなる。逆に，違反に対し即刻行政命令を発動させる場合，命令を受ける違反企業数がある臨界値を超えると，命令が乱発されるも命令の効力がないという，行

$\Omega(S^1) = (1-q)C + q[(1-q)(C+V)+qP]$
$\Omega(S^2) = (1-q)C + qP$
$\Omega(S^3) = (1-q)(C+V) + qP$
$\Omega(S^4) = P$

[193] S^2の場合のコストは，$(1-q)C+qP$，一方S^3の場合のコストは，$(1-q)(C+V)+qP$であり，常に[S^2の場合のコスト]＜[S^3の場合のコスト]が成り立つ（Nyborg andTelle 2004）。
[194] 詳細は Nyborg and Telle （2004）を参照。

政がコントロールを失う状況になる可能性を強めてしまう。行政命令の乱発によって行政命令の効力がそもそも弱まること、命令の効力を損なわないために、行政指導を介在させ命令の対象となる違反を減らすことで命令の威力を維持している、という説明も、行政指導の多用という現実の一つの説明となるだろう。

しかし、以上のモデルには、留保が必要な点が少なくとも二点ある。まず、第一に、ナイボルグらは、最初から遵守する場合のコストと、最初に違反し行政指導を受けてから違反を是正する場合の遵守コストを同じCとしている。つまり、遵守コスト負担を先延ばしにできる、というメリットを考慮にいれていない。この点は、最初に違反を意図し、その後指導を受けてから遵守を意図するという戦略S^3の魅力を減少させている。しかし、2.2.2 Bまでの考察では、被規制者は当初違反することによって、遵守コストの負担が先延ばしできるということを、最初に違反し行政指導を受ける戦略の一つの魅力であるとしてきた[195]。負担が先延ばしにできることで、割り引かれた遵守コストをC'とする（C'< C）。違反是正の証明コストVが十分に小さいと、C > C'+Vとなり、最初は違反して行政指導を受けた後違反を是正すればよいというS^3が魅力的な戦略となるだろう。したがって、二回チャンスがあることをうまく利用し、最初の段階では違反を意図するという被規制者も現れることとなる。

第二に、ナイボルグらは最初に遵守を意図したがミスにより違反してしまった場合、次の意思決定において違反を意図した場合の利得を単にPとおいている。しかし、当初の意思決定において遵守を意図したということは、すでに遵守コストCをある程度負担していると考える方が自然ではないだろうか。そうすると、この状況での被規制者の利得は、PではなくC+Pとなる。このことは、S^2はS^3を支配している戦略ということを否定し、よってS^3はS^2に支配される戦略ではなくなる。この点からも、行政指導を介在させることによって、二回のチャンスがあることをうまく利用する（すなわちS^3を採用する）被規制者が現れることがいえる。

---

[195] すべての違反が発見されない場合は、なおのことそうである。

このように，上記 C で紹介した議論には，留保が必要であることも事実である。とはいえ，行政指導を介在させることで，行政は効果的に行政命令が使用でき，法の抑止機能を維持できるという点も，行政指導多用という現実の理由の一つとして，指摘することができるだろう。

2.3 市民が執行過程に加わった場合

2.3.1 市民参加のゲーム

さて，今までは，行政と被規制者の二者関係について考察してきた。現実の水濁法執行過程は，行政と被規制者の二者関係で説明できるものがほぼすべてであるが，市民が執行に参加する可能性も無視できない。この節では，水濁法執行過程に市民が参加した場合について，考えてみよう。市民訴訟（citizen suit）が定められているアメリカと比べると[196]，市民が直接，被規制者・行政に対し（法的）行動をとる機会は，日本では少ない。しかし，日本においても，市民が執行過程に参加する可能性は，制度の拡充によって，以前と比較すると相対的に上昇していると考えることができる。行政によせられる苦情や陳情の他に，行政事件訴訟法に新たに定められた義務付け訴訟(行政事件訴訟法 3 条 6 項 1 号，37 条の 2）も手段の一つとなりうる[197]。また，

---

[196] アメリカにおいて市民訴訟は，1970 年に大気汚染防止法（Clean Air Act）において，連邦レヴェルで初めて法制化された。その後水質汚染防止法（Clean Water Act）や資源保全再生法（Resource Conservation and Recovery Act）など，多くの連邦環境法や州環境法に規定されている。市民訴訟では，「いかなる市民」も，従うべき排水基準や行政による改善命令に違反しているいかなる人に対して，あるいは，裁量の余地のない行為をしない EPA 長官に対して，連邦地方裁判所に訴訟を提起することができる。アメリカ環境法における，市民訴訟の解釈上の問題や実際の運用については，北村（1992）に簡潔にまとめられている。

[197] この場合，義務付け訴訟を提起するには，原告適格と「重大な損害」の要件をクリアできるかどうかが問題となる。特に，原告適格の要件は，周辺住民や環境団体が訴訟を提起する際に焦点となる問題の一つである。原告適格が認められるかどうかの一般論としては，行政事件訴訟法改正によって，従来より広く原告適格を認めようという改正がなされた。行訴法改正と判例・下級審の動向を見ると，水濁法の場面にあて

平成 20 年に国会に提出された行政手続法改正法案[198]には,「処分等の求め」が盛り込まれ,市民が行政に対し処分等を取るよう意見を述べることができる点が明文化された[199]。この規定は水濁法の文脈では,基準違反に対しもっぱら行政指導に頼るのではなく,改善命令など法規定措置を取るように,行政に対し市民が求めるという場面に当てはまるだろう。このように,以前と比較すると相対的に,行政処分を求める市民の声が行政活動に反映されやすくなるという傾向は強くなってきている[200]。

　2.2.1 で見たような協力的法執行スタイルや,2.2.2 で見たようなソフト・タイプの行政に表れているような,行政指導を多用できる環境にあるということは,それだけ行政に広い裁量があるということでもある。2.2.1 では,行政指導を行うことで被規制者の自主的遵守姿勢が引き出せるのならば,リーガリスティックで厳格な法執行の持つ非効率性を改善する機能が行政指導にあることが示された。行政に法目的実現の意欲と能力がある場合は,協力的法執行スタイルによって法目的が効率的に実現され,一般市民も利益を得る。しかし,行政に法目的実現の意欲または能力がない場合,裁量が大きい場合は「取り込み (capture)」につながり,一般市民は良好な環境を享受できないという恐れがあるのであった (2.2 参照)。

　以下では,水濁法の執行において,行政・被規制者に加え,市民もプレイ

はめれば,原告適格は健康被害があれば認められようし,生活環境の保護についても,認められる可能性がある。環境保護団体については,判例は今のところ原告適格を認めていない。

[198] なお,平成 21 年 7 月の衆議院解散によって,行政不服審査法改正案,行政手続法改正案は,廃案になった。

[199] 36 条の 3 第 1 項では以下の規定が予定されていた。「何人も,法令に違反する事実がある場合において,その是正のためにされるべき処分…がされていないと思料するときは,当該処分をする権限を有する行政庁…に対し,その旨を申し出て,当該処分…をすることを求めることができる。」この規定は,処分等を求める権利を付与するのではなく,職権発動の端緒を得るにとどまるものとして位置付けられていた (宇賀 2008)。求めに対し,行政庁・行政機関は応答の義務を負わない。また,改正案以前でも,陳情によって処分を求めることは可能である。しかし,同条は,2 項で定められた申出書が提出された場合には行政庁は調査義務を負うこと,調査の結果,必要であると認めるときは当該処分をする義務があることを明文化した点に違いがあった。

[200] 第 1 章での【事例 7.】においても,排水の悪臭に対する苦情が市へ寄せられていたことが,改善命令をかけた契機の一つとして報告されていた。

ヤーとして登場するゲームを考える。市民の要求内容としては，執行過程に参加する市民は，水質美化に強い関心があり，排水基準違反企業に対し行政指導ではなく行政命令を出すように行政に要求するとする。なお，ここでいう市民とは，個人や環境団体などの市民団体を想定している。

行政と被規制者は，市民が水質汚濁防止と水濁法執行にどの程度関心があるのかはわからない。違反事実を知り熱心に市民運動を行い執行過程に参加するかもしれないし，関心を示さず執行過程に参加しないかもしれない[201]。よってゲームでは，市民を二つにタイプ分けする。一つは，規制違反に対し行政命令を発動するよう要望するという形で執行過程に参加するタイプであり，これを「タフ・タイプ（関心の強いタイプ）」とする。もう一つは，法執行過程に参加しないタイプであり，「ソフト・タイプ（関心の低いタイプ）」とする。

以下では，市民が執行過程に参加しない場合は，違反に対し命令ではなく行政指導を行う方が，行政の利得が高い場合について，議論を進める[202]。行政は自らの判断で執行裁量を行使でき，また指導によって，被規制者との長期的協力関係を形成・維持し，被規制者からの協力的な違反是正を引き出すことが可能になる，という点を重視しているとする。このような考え方を持っている行政にとって，市民が規制法執行過程に参加するかどうかという点は，違反に対する行政の対応を変化させるかもしれない。そこで，このような場合，市民参加の可能性が行政や被規制者の行動選択にどのように影響を及ぼすのか，以下で見てゆくことにする。

ゲームの流れは以下の通りである。まず，「自然」が市民のタイプを決定する。その後，被規制者が規制を遵守するか，違反するかを選択する。遵守を

---

[201] 排水基準違反に対する行政指導は，文書による行政指導であるため，市民は，情報公開制度によって，違反の事実とそれに対する行政の対応を知ることができるだろう。情報公開法では，23条，5条2号を通じ開示請求ができると思われる。地方自治体には同内容の情報公開条例が定められている。
[202] 規制違反に対して行政命令を発動することが行政指導よりも望ましいと考えている行政にとっては，市民の執行参加の有無は，行政の違反に対する対応に変化を及ぼさない。違反に対し命令をもって対応することを好む行政は，市民の執行参加に拘わらず，違反に対して行政命令を発動する。

【図 2.6】 市民参加のゲーム

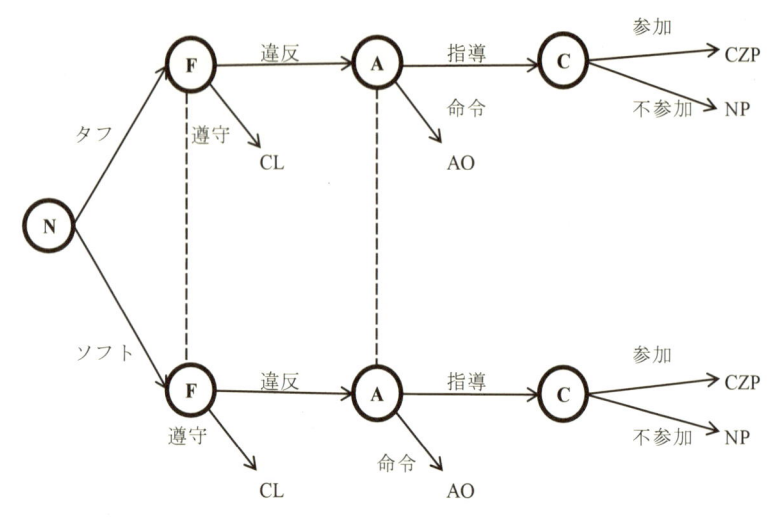

被規制者	$U_f(NP) > U_f(CL) > U_f(AO), U_f(CZP)$
行政 Ⅰ	$U_a(CL) > U_a(NP) > U_a(AO) > U_a(CZP)$
行政 Ⅱ	$U_a(CL) > U_a(NP) > U_a(CZP) > U_a(AO)$
市民：タフ	$U_c(CZP) > U_c(NP)$
市民：ソフト	$U_c(NP) > U_c(CZP)$

選択した場合，ゲームはそこで終了する。違反を選択した場合，次に行政は，行政指導を行うか，行政命令を行うかの選択をする。行政命令を選択した場合，そこでゲームは終了する。行政指導を選択した場合，市民は，執行過程に参加するか，参加しないかを選択する。市民のタイプは，行政と被規制者にとって，不完備情報である。市民が「タフ・タイプ」であるという，行政と被規制者の信念を，それぞれ r_a, r_f とする。被規制者が遵守した場合を CL (compliance)，行政が命令を行った場合を AO (Administrative Order)，市民が参加した場合を CZP (citizen participation)，市民が参加しなかった場合を

NP（not citizen participation）とする（【図2.6】参照）。

各プレイヤーの利得は以下の通りとする。被規制者は，市民が参加しないならば，遵守コストの削減・先延ばしが可能であることから[203]，違反をして行政指導を受けることが，最も利得が高いとする[204]。また，行政命令を受ける，もしくは指導の後市民が執行に参加する事態よりは，最初から規制を遵守した方が良いとする。市民が執行過程に参加した場合は，当該企業はその評判を落とすであろうから，行政命令を受ける場合と同様，被規制者にとっては最も避けたい事態と想定できる。行政命令を受けることと，市民の参加の場合の利得の大小は特に定めない。よって，被規制者の利得の大小関係は，Uf(NP) > Uf(CL) > Uf(AO), Uf(CZP)とする。

行政にとっては，被規制者が最初から規制を遵守することが最も望ましい。また，指導の後市民が参加しない場合が次に利得が高いとする。違反に対し行政命令を発動するか，指導の後市民参加を招くかについて，どちらの場合が行政の利得が高いのかについては，一概に仮定できないため，行政の利得構造には二種類あるとする。行政の中には，市民の参加によって生じるであろう，行政の処分不作為に対する批判を恐れ，指導の後市民が参加するのならば，市民が参加する前に行政が自らの判断で行政命令を発動した方が望ましい考えるところがあるだろう。この場合の行政の利得順序は，Ⅰ：Ua(CL) > Ua(NP) > Ua(AO) > Ua(CZP)である。一方，行政の中には，違反に対して即座に命令を発動するよりも，指導後市民の参加がある方がよいと考えるところもあるだろう。この場合の行政の利得順序は，Ⅱ：Ua(CL) > Ua(NP) > Ua(CZP) > Ua(AO)である。このように，行政の利得順序がⅠとⅡの二つある場合に，それぞれゲームがどのようになるのか，場合分けして見てゆく。

市民の利得構造は，タフ・タイプでは，執行過程に参加することが好ましく（Uc(CZP) > Uc(NP)），ソフト・タイプでは執行過程に参加しないことが好ましい（Uc(NP) > Uc(CZP)）。

---

[203] すべての違反が発見されないならば，なおのことコストが削減可能である。
[204] 被規制者にとって，規制を遵守することが最も利得が高い場合は，市民の執行過程参加の可能性や，行政の対応とは無関係に，被規制者は最初から遵守を行い，ゲームは終了する。均衡として遵守状態が達成される。

市民のタイプが不完備情報になっているゲームの,完全ベイジアン均衡は,以下の通り。

行政の利得構造がⅠの場合,
When $r_a < r_a^*$
　被規制者：$\begin{cases} 違反 & if\ r_f < r_f^* \\ 遵守 & if\ r_f > r_f^* \end{cases}$
　行政：　　行政指導
　市民：$\begin{cases} 参加 & if\ タフ \\ 不参加 & if\ ソフト \end{cases}$

when $r_a > r_a^*$
　被規制者：　遵守
　行政：　　行政命令
　市民：$\begin{cases} 参加 & if\ タフ \\ 不参加 & if\ ソフト \end{cases}$

行政の利得構造がⅡの場合
　被規制者：$\begin{cases} 違反 & if\ r_f < r_f^* \\ 遵守 & if\ r_f > r_f^* \end{cases}$
　行政：　　行政指導
　市民：$\begin{cases} 参加 & if\ タフ \\ 不参加 & if\ ソフト \end{cases}$

$r_a^* = \{Ua(AO) - Ua(NP)\} / \{Ua(CZP) - Ua(NP)\}$
$r_f^* = \{Uf(CL) - Uf(NP)\} / \{Uf(CZP) - Uf(NP)\}$

　ゲームの結果から,以下の点がいえる。第一に,行政が,市民参加に対しどのように考えているのかによって,すなわち,行政の利得構造ⅠとⅡによ

って，違反に対する行政の対応に違いがみられる。利得Ⅰの場合，つまり行政は市民参加が起こるならば，参加の前に行政命令を発動する方が好ましいと考えている場合，r_aの値によっては自ら進んで行政命令を出す場合がある。よって，市民参加の可能性によって，行政は行動選択に影響を受ける。一方，行政の利得がⅡの場合，つまり，行政が自らの判断で行政命令発動を決定するよりも，市民参加が起こる方が好ましいと考えている場合，市民参加の有無に拘わらず，行政は違反に対して常に行政指導を行う。この場合，市民参加の可能性は，違反に対する行政の対応に影響を及ぼさない。

第二に，市民がソフト・タイプでも，行政Ⅰと被規制者は，市民が参加する可能性が高いという信念を抱けば，行政命令，遵守を選択する。行政Ⅰと被規制者は，市民参加の可能性によって，行動選択を変化させる。市民は執行過程に参加するタイプであるという信念が，閾値 (r_a^*, r_f^*) を超えていると，実際の市民のタイプが不参加の場合でも，遵守や行政命令が選択される。特に，行政の信念r_aが閾値r_a^*を超えている場合は，つねに（遵守，行政命令）が均衡となる。行政の信念が閾値r_a^*を超えていない場合でも，被規制者の，市民はタフ・タイプであるという信念r_fが閾値r_f^*を超えていると，被規制者ははじめから遵守を選択する。このように，市民の規制執行参加の可能性が，行政Ⅰ並びに被規制者に現実味を持って意識されていると，市民の執行参加を待たず，行政Ⅰは行政命令を，被規制者は遵守を選択する。

第三に，上の閾値 (r_a^*, r_f^*) の大きさ，すなわち，行政指導を選択する条件 ($r_a < r_a^*$) と違反を選択する条件 ($r_f < r_f^*$) の成り立ちやすさは，行政と被規制者の利得の値により，変化する。行政Ⅰにとって，閾値r_a^*の値が大きくなり行政指導を選択しやすくなるのは，行政にとって市民不参加の状況が魅力的でありかつ行政命令の発動を避けたい場合，また市民の執行参加の有無による利得の変化幅が小さい場合（つまり市民参加の場合と市民不参加の場合で，行政の利得の差がそれほど大きくない場合）である。逆に，行政Ⅰが行政命令を選択しやすくなるのは，行政にとって市民不参加の状況がそれほど魅力的ではなくかつ行政命令発動をそれほど避けたいと思っていないほど，また市民参加の有無による行政の利得の変化幅が大きい場合（市民参加の場

合と市民不参加の場合で，行政の利得の差が大きい場合）である。一方，被規制者については，以下のことがいえるであろう。市民不参加の場合と最初から遵守する場合の利得の差が小さいほど，また市民参加の場合を避けたいと思うほど，被規制者は最初からの遵守を選択しやすい。逆に，行政指導かつ市民不参加の場合が魅力的であるほど，また市民参加の有無による利得の変化幅が小さいほど，被規制者は違反を選択しやすくなる。

2.3.2 規制執行への市民参加と，社会的に最適な規制法執行との関係

2.3.1 では，市民参加の可能性がある場合，行政と被規制者の2者間で構成されていた規制執行過程がどのように変化しうるかを考察した。一定の条件が満たされる場合，市民参加の可能性があることで，行政と被規制者という2者のみの場合と比較して，相対的に遵守や行政命令が選ばれやすくなることがわかった。しかし，市民の執行過程参加が，社会的に最適な規制執行を常に導くかどうかは，一概には言えないだろう。以下では「法と経済学」の考え方から執行過程への市民参加について，簡単にまとめてみるが[205]，厳密にモデル化するのではなく，基本的な考え方を簡潔に述べるにとどめていることを先に断っておきたい。また，以下は，執行過程に市民が参加すべきだ，もしくは参加すべきではない，という主張をしているのではなく，あくまで仮に市民が執行過程に参加した場合，どのようなことが考えられるかという素朴な思考実験を示したものにすぎない。

費やす社会的費用（行政の執行費用，被規制者の遵守費用，環境被害費用など）が小さく，結果として生じる環境保護の程度が高い場合，それは社会的に望ましい，効率的な規制執行ということができよう。市民の規制執行参加の可能性は，上の意味での社会的に望ましい規制執行を促す場合もあれば，妨げる場合もある。

市民参加が社会的に望ましい規制執行を促す場合は，行政と被規制者間で

---

[205] 本書は基本的に記述的分析（descriptive analysis）を行っているが，この 2.3.2 は例外的に規範的分析（normative analysis）とも関連する内容である。

の2者間ゲームの状態が「取り込み(capture)」となっているときである(2.2.1 E 参照)。取り込みは,違反に対する対応に関して行政に広い執行裁量がある,協力的法執行スタイルを採用している場合に生じ得るものだった。先述の通り,取り込みが生じている場合は,違反に代表される機会主義的行動に対しても,行政はもっぱら行政指導を行う。行政命令を発動するという戦略は自己拘束的ではない。したがって,被規制者が,機会主義的行動とみられる違反を行っても,行政は指導のみで対応するため,被規制者による違反を抑えることができず,水質汚濁防止という法の目的の実現が達成されない状態に陥ることとなる。

しかし,市民が執行過程に参加する可能性が生じることで,この取り込み状態は解消されることが可能となる。2.3.1 の通り,先に示した条件の下では,市民の執行過程参加の可能性は,違反に対する行政の対応をより厳しく,あるいは被規制者がより自主的に遵守するように導く。それゆえ,取り込みが発生・維持されている執行過程において,市民参加の可能性は,被規制者による行政の取り込みを減少し,また被規制者が遵守するように働き[206],よって非効率的な取り込み状態が解消され得ることが分かる[207]。

しかしその一方で,市民の執行過程参加が,社会的に最適な規制執行を妨げることもありうる。それは,行政と被規制者の二者関係で,すでに効率的

---

[206] 本文に挙げたような,市民による行政への申立てに限定した記述ではないが,環境団体などによる市民活動の存在によって,被規制者の遵守へのインセンティヴが増大することは経験的に指摘されている。アメリカ,イギリス,オーストラリア,ニュージーランドの紙パルプ工業を対象にした経験的研究によれば,周辺住民や環境団体の活動が,被規制者の排出行動に大きな影響を与えていることが記されている(参照 Gunningham, Kagan, and Thornton 2003)。市民訴訟(citizen suit)や評判の低下,行政への苦情などの可能性を認識すると,それを避けるために,被規制者は基準を守ることを特に重視し,さらに規制法規定の要求以上の環境対策を行うようになる。また,市民活動が活発だと,被規制者の違反に対する行政の対応も厳しいものになることも,報告されている(Gunningham et al. 2003)。しかし,別の研究では,環境団体の強さは,違反に対する行政措置数に影響を及ぼしていないという結果がでている(Hunter and Waterman 1996)。これも,先に述べた条件を満たしていない場合と考えれば,2.3.1 のモデルに適合的である。

[207] さらに言えば,取り込み解消による環境質の向上の方が,執行過程参加をするにあたり市民が投入した市民自身の労力を上回っている場合に,市民参加は社会的に効率的な結果を生む。

な規制執行が実現している場合である。2.2.1でみたように，穏やかな執行スタイルが戦略的に採用されている際は，被規制者の協力的・自発的遵守を引き出すために，協力的法執行スタイルは有効であった。すでに行政と被規制者間で協力関係が形成されている状況では，ミスとみられる基準違反に対し行政指導を行うことは，パレート最適な状況を形成・維持する。さらにこの状況は行政と被規制者というプレイヤーのみならず，社会全体にとっても好ましい状況であろう。（協力的遵守，協力的法執行）の均衡では，被規制者は自発的に規制を遵守しようとしている。さらに，リーガリスティックで厳格な規制法執行は，被規制者に，社会的に最適なレヴェル以上の過剰な遵守費用を負担させることになってしまうが，行政指導に代表される協力的法執行スタイルには，そのような非効率性を改善する機能もあるからである(2.2.1)。このような状況において，規制執行に市民が参加し，行政が違反に対し行政命令という厳しい対応を取るようになると，行政と被規制者間に醸成されていた，調整関係・協力の互酬性が崩壊することとなる。市民参加により行政の執行スタイルが厳しく抑止的なものに変化すると，行政と被規制者の相互依存関係は，被規制者が機会主義的に振舞い，行政は抑止的に対応する，という非効率的な状態となる恐れがある[208]。

このように見れば，協力的法執行スタイルには，行政にある程度広い執行裁量が必要となるが，市民にとって，行政に協力的法執行スタイルを遂行できる程度の裁量を認めることは，最高に良い結果を生むか，最悪の結果を生

---

[208] ヘイズとリックマン（1999）は，行政と被規制者が複数のドメインで相互作用している場合（管轄地域内に同企業の工場が複数あったり，単独の行政部門が複数の環境規制法を管轄している場合などを想定している）における，市民訴訟の孕む非効率性について取り上げている。まず彼らは，行政はそれぞれのドメインでの違反をすべて訴追するよりも，片方のドメインで違反に寛容になる代わりに，もう一方のドメインで被規制者からの高い遵守実績を得るという戦略的な対応をする方が，全体としての規制遵守最大化に結びつくことをモデルで説明する。しかし，市民訴訟が増えることで，被規制者はせっかく一つのドメインで違反が許容されたにもかかわらず，それについて市民訴訟が提起されると，もう一方のドメインで法規定以上の削減努力を行う魅力が減ってしまう。したがって，市民による執行は必ず環境保全にとって良いという従来の考え方を再考する余地があるとしている（Heyes and Rickman 1999）。

むかどちらかになるだろう（Scholz 1991）[209]。

違反に対し行政の対応が硬化する可能性に加え，市民による執行過程の参加は，「過剰な抑止（over deterrence）」となる可能性もある。市民の執行過程参加という事態は，被規制者の評判と落とすことにつながるため，被規制者としては，行政命令を受けることと同様，もしくはそれ以上に避けたい事態であろう。すると，被規制者が市民の執行過程参加可能性を意識しすぎることで，被規制者は一つの違反も決して生じないようにと，社会的に最適なレヴェルの遵守コスト以上の多額の費用を基準遵守に投じるかもしれない。これもまた，社会全体からみると非効率的な状態である。

2.4 本章のまとめ

本章では，水濁法の執行過程を想定し，規制執行過程のゲーム・モデルを提示した。第1章で見られた，規制法執行の基本的特徴がどのように説明可能か，行政と被規制者の相互作用に注目して考察してきた。

まず，行政・被規制者関係の基本的構図として，規制執行に対する両者のスタイルについて，同時手番ゲームによるモデル化を行った。考えられるゲーム構造として，調整ゲーム，囚人のディレンマゲーム（ノイズの有無），取り込みが生じているゲームを取り上げ，行政指導に代表される協力的法執行

---

[209] ショルツ（1991）はこの状況を説明するため，以下の利得表を挙げている（Scholz 1991）。

行政 市民	政策目標を重視 Favor Policy Goal	政策目標を軽視 Disfavor Policy Goal
必要な裁量を認める Necessary Discretion	3, ?	0, ?
ごく僅かな裁量しか認めない Minimal Discretion	2, ?	1, ?

市民にとって行政の利得は不明のまま，行動を選択しなければならないため行政の利得はこの利得表には書かれていない（Scholz 1991）。

(と協力的遵守) がゲームの均衡となり，実現していることを説明した。均衡のパレート優位性や，フォーカル・ポイント，面と向かったコミュニケーションの存在，行政と被規制者の長期的関係などがポイントであった。

　次に，逐次手番ゲームで，法の持つ抑止力も遵守達成のために機能していることを取り上げた。行政命令を発動することが「信憑性のある脅し」であれば，機会主義的な利得構造をしている被規制者に対しても，遵守を引き出すことができる。行政のタイプは不完備情報であること，またすべての違反が発見されないことが現実的であるため，それらの場合について簡単なモデル化も試みた。また，行政指導を使用することで，行政命令の少ない発動にも拘わらず違反を抑制できるという働きもあることを示した。(抑止力については次章で詳述する予定である)。

　最後に，規制執行過程に市民が参加した場合について，行政・被規制者・市民の3者のプレイヤーからなるゲームによる，モデル化を行った。市民が執行過程に参加するのかどうか，行政と被規制者にとって不明な場合，一定の条件の下では，行政と被規制者という2者間の執行ゲームの場合よりも，市民が執行ゲームに加わった方が，遵守と行政命令が選択されやすいこと，及びその条件が示された。また，「法と経済学」の視点から，市民の執行過程参加の持つ，利点と欠点がともに指摘された。行政と被規制者間の2者での執行ゲームの状態によって，市民の執行参加は，社会的に最適（効率的）になったり，ならなかったりする。

第3章　規制法が与える被規制者へのインパクト
——規制法の機能と，行政活動の介在

3.1　導入

　先の第2章では，規制法の執行過程を，行政と被規制者の相互作用性に焦点を当てて考察した。なぜ行政は行政指導を多用するのか，また，行政命令がまれにしか発動されず，もっぱら行政指導で違反に対応しているにも拘わらず，なぜ違反が蔓延していないのか，という疑問，すなわち，現状の規制執行実態はなぜ生じ，維持されているのか，という疑問に一定の答えを示すことをなしえたと考える。

　その一方，行政と被規制者の相互作用性に注目した第2章では，被規制者が規制法執行状況に対しどのような利得構造を持っているのかは，ゲームからは外生的に決定されるものとして扱われ，詳細に論じられてはいなかった。しかし，規制執行過程を十分に理解するには，行政との相互作用性に加え，規制法は，被規制者の，意思決定や行動，状況認知にどのような影響を及ぼしているのか，についても取り上げる必要があろう。被規制者は，行政とゲームを行う前，あるいは繰り返しゲームを行いつつ，自らの置かれた状況の認知や，選択しうる選択肢集合，主観的帰結関数などを特定する。その際，被規制者は何らかの形で法による影響を受け，その結果，自らの状況を把握し行動を決定しているだろう。被規制者の行動は，直接的にであれ，間接的にであれ，法自体による影響を当然受けている。よって本章では，法自体の存在によって影響を受けている被規制者の意思決定・行動に着目するという，第2章では内生的に取り込めなかった部分を以下で取り上げることとする。規制執行過程を見るには，執行主体たる行政と被規制者の相互作用性に加え，

被規制者は法それ自体の存在によって，行動にどのような影響を及ぼされているのかという点も極めて重要だからである[210]。

規制法それ自体による影響と，執行主体たる行政との相互作用を通じて，最終的に規制遵守もしくは違反という事実が生じる。よって本章では，規制法，および行政による規制法の執行活動が，被規制者の状況認知・意思決定に対し，どのようなインパクトを与えているのかを考察する。「法と経済学」において，法の機能として一般的になされている議論をみたあと（3.2），その法の機能は，執行する行政活動の介在によって，どのように影響を受け得るのかを検討する（3.3）。

3.2 法が被規制者の行動に及ぼす影響

まずは，規制法自体の持つ機能について，「法と経済学」の議論を見ていこう。飯田（2004）は法の持つ機能について以下【図3.1】のようにまとめている（飯田 2004: 139）[211]。以下順に見ていこう。

---

[210] アメリカ合衆国やオーストラリアなど規制執行研究が盛んな海外では，規制者はどのように規制法を執行しているのかに加え，被規制者の行動や行動の動機に注目しているものが多い（特に実証研究においてこの傾向は強い）。そもそも，被規制者の中には規制法を遵守する者と違反する者がいるという事実が，規制執行研究が行われる暗黙の前提として存在する。したがって，被規制者の行動，つまり，なぜ規制を遵守・違反するのかについて，これらの研究は中心的に扱っているのである。コーエンは，すべての被規制者が規制法を守らないからこそ，（違反者に対する規制者の対応も含めた）規制執行過程研究には必要性とおもしろさがあるとしている（Cohen 1998）。

[211] これは合理的選択モデルに基づいてまとめられている。
合理的選択モデルでは，行為の選択肢集合 S，行為に対応する実現可能な社会状態の集合 X，主観的な帰結関数「F：S→X」，実現可能な社会状態に対する選好順序 R（ないし効用関数 U），が仮定される。行為者は，主観的帰結関数 F によって，最も好ましい社会状態 x をもたらす選択肢 s を選択する（盛山 1997）。このような合理的な行為選択モデルに基づくと，行為者（被規制者）の行為選択に影響を及ぼしうる契機として，三つのルートがあることがみえてくる（盛山 2000 を参考にした）。
① 行為の選択肢集合 S そのものと，S に対する行為者の有する知識に影響する。これは，【図3.1】C に対応する。

【図 3.1】法が人々の行動に及ぼす影響

A　選好に対する影響
B　コストとベネフィットの布置に対する影響
a　サンクション（直接の行動規制）による影響
b　情報的影響
C　意味の変化を通じた影響

飯田（2004: 139）より。

　Aの選好に対する影響では，法が何らかの形で被規制者の選好を変化させることを意味する[212]。しかし，選好に対する影響については，「法と経済学」は外生的に扱うのみで，どちらかというと手をつけたがらない（例外的に，選好の形成プロセスを扱うものとしてBecker（1996）がある。また，後に述べるクーターの議論（Cooter 1998; Cooter 2000）も，この流れに与する）。飯田（2004）はこれに対し，いくつかの理由を挙げている。選好は外部から判断不能であるうえに選好のコントロールは困難であること[213]，当事者の選好が事前と事後で別のものになってしまうと，パレートなど効率性の基準が適用しにくいこと，合理的選択理論では効用の内容は無限定であること，選好は可塑性に乏しいとされていることなどが，主な理由である（飯田 2004: 135-136）。

　行為者が直面している状況の，コストやベネフィットの配置を，法によっ

---

　②　行為選択に対応して出現する社会状態の集合Xの知識，つまり帰結関数Fの知識に影響する。これは，【図3.1】Bに対応する。
　③　主観的な選好順序Rに影響する。これは，【図3.1】Aに対応する。
[212] 選好順序は完全に主観的なものである。例えば，タバコが好きだった人が，何らかの理由で本人自身タバコが好きではなくなったら，これは選好順序の変化と捉えられる。タバコが好きな人に，「肺がんになるよ」と伝えたり，タバコを吸うとサンクションを課すことによって，喫煙をやめさせるのは，後述Bによる行動の影響にあたる。
[213] 選好をコントロールすることは，主観的にも困難であり，まして外部からではなおさらである。また，そもそも選好をコントロールすることは，個人の自律性に反すると考えられるおそれがある。

て変更し，ある行為を促進したり，抑止したりするという，Bのコストとベネフィットの布置に対する影響が，「法と経済学」では最も議論されている。中でも Ba のサンクションによる影響が，中心的に扱われてきた。このことは，本書が対象としている規制法に特に当てはまる。規制法には，大抵の場合，規制対象行為に対しサンクションを与えることで，当該行為がなされないように抑止する規定が含まれている[214]。なお，すでにサンクションという用語は出てきたが，本書ではサンクションという用語は刑事罰のみを指すのではなく，法制度によって行為者に課される一定の不利益を指すこととする（当該法規定に懲罰的意味があるかどうかは問わない）。よって，水濁法では，刑事罰のみならず，行政命令もサンクションに含まれるとする[215]。

また，サンクションによる抑止機能のみならず，法は社会構成員に情報を提供する機能も併せ持つ（Bb）。これは法の表出機能（expressive function of law）と呼ばれ，近年主張されている議論である。さらに，法は状況の認知自体にも影響を与えているだろう（C）。法規定があることで，規制対象行為の持つ意味自体が変化し，状況認知が影響を受けるという可能性である。

したがって，以下では，【図3.1】で示した Ba，Bb，C について，水濁法を念頭に置きつつ，それぞれ取り上げる。まずは，「法と経済学」による議論が最も活発な，サンクションを通じた法の抑止機能について考察する。海外での規制法執行過程研究では，この部分は実証的にも研究が数多くなされているため，海外で行われた実証的研究も最後に取り上げる予定である。

---

[214] 違反後に行政命令を受けた場合の被規制者の利得を，最も小さく仮定していたという点で，実は前章の逐次手番ゲームで，法によるサンクション規定が抑止機能を持っているということはすでに触れていた。
[215] 法的には，水濁法における行政命令には制裁的意味はなく，行政命令は「排水基準に適合しない排出水を排水するおそれがある」場合に予定されているものであり，行政目的実現，違反行為の是正のためとされている（13条）。しかし，行政命令を受けることで，例えば改善命令の場合は，排水処理施設を修理・新設しなければならない法的義務が課される点，また命令に背くと刑事罰が控えている点から，被規制者は実質的に一定の不利益を被ると考えられるため，上記で示した広い意味でのサンクションに含める。なお，行政指導はサンクションには含めない。

3.2.1 法の抑止機能

A 法の抑止モデルとその限界

　法には，サンクションを与え対象行為を抑止する機能があるという点は，説明を要しないであろう。犯罪と刑罰の経済分析を行ったベッカー（Becker 1968）の嚆矢的研究以後，サンクションによる法の抑止機能については，「法と経済学」において数多くの研究が存在する[216]。ここではその基本的な抑止モデルの考え方を見た後，さらに発展させる必要性について検討したい。

　禁止された行為を行った場合にはサンクションを課す，と規定することによって，規制法は被規制者の利得配置を変化させることができる。基本的な抑止モデルでは，被規制者の行動決定は以下のように説明される。すなわち，自己の利得最大化を目指している被規制者は，規制法に違反したときに得られる利益と，違反した場合に被る期待費用を比較し，違反した場合に被る期待費用の方が，違反による利益を上回る場合にのみ，規制法を遵守する（Ogus 1994）。水濁法にあてはめて考えてみよう。排水基準の遵守にかかる費用を c，基準違反が見つかり行政命令などサンクションを課される確率を p，サンクションにより負担する額（例えば，改善命令を受けると1000万円の修繕費用が必要となる等）を F とすると，基本的な抑止モデルでは，

$c < pF$

の場合にのみ，被規制者は規制を遵守する[217]。つまり，被規制者にとって，遵守コストを負担する方が，違反した場合に被る期待費用（違反が見つかりサンクションを課せられる確率 p ×サンクションによる負担額 F）よりも，小さい場合にのみ，被規制者は規制を遵守する。逆に，遵守コストの負担が違反の期待費用を上回る場合，被規制者は違反をする，ということになる。このように，規制法の規定するサンクションからの直接的不利益（サンクションにより課される負担額）と，その課される可能性を被規制者は計算し，

---

[216] その中でも，代表的なものとして Polinsky and Shavell（2000）。
[217] リスク中立的と仮定している。

遵守するかどうかの決定を行う，と抑止モデルは考える。「法と経済学」では，以上の基本的発想に基づき，過失責任の場合と無過失責任の場合や，罰金刑と禁固刑の場合，あるいは，社会的に最適な法執行レヴェルはどの程度か，制度設計はどうあるべきかなど，より複雑で精緻な議論に及ぶことが通常である[218]。しかし，基本的な発想は以上の通りである。この抑止モデルは，サンクションの厳しさとサンクションを受ける可能性によって，被規制者の利得配置を変化させ，被規制者の行動を変化させること，すなわち，サンクション規定がなかった場合には発生したであろう対象行為を，サンクションを規定することによって抑止することができる，という規制法の抑止機能を簡潔に示している。

しかし，この抑止モデルが示す以上に，法には抑止機能があると考えてよいだろう。水濁法では，例えば直罰により科せられる罰金は，故意犯の場合最大 50 万円であり（過失犯は罰金 30 万円），決して高額な金額とはいえない[219]。加えて，毎年司法警察機関が違反を検挙するのは，年 20 件前後であり，罰金が科される確率も非常に低い（第 1 章【表 1.3】参照）。行政命令の場合，排出の一時停止命令，改善命令とも，どのような内容，金額となるかはケースバイケースであるが，罰金よりも高額な負担を被ることにはなると予想される。しかし，行政命令も発動されるのは極めてまれである。平成 19 年度においては，一時停止命令については全国で 1 件，改善命令は 27 件であった（第 1 章【表 1.1】参照）。また筆者がインタヴューに訪れた自治体は，平成 19 年度において，基準違反が合計 105 件のうち，一時停止命令 0 件，改善命令 1 件であった（第 1 章【表 1.2】参照）。このようにみると，罰金刑であれ行政命令であれ，違反によってそのどちらかを受ける期待費用はかなり低いものと予想される。規制遵守のために必要な遵守費用（排水処理施設の設置や管理，改善など）が，違反の際の期待費用を上回っている可能性は，極めて高い。にもかかわらず，大半の被規制者が規制を遵守していることも事実であ

---

[218] たとえば，藤田（2002），Shavell（2004），Polinsky and Shavell（2007）。なお，最適な抑止に関しては，Sunstein, Schkade, and Kahneman（2000）も参照。
[219] 環境省によれば，今後も罰金額を増額する予定はないという。ちなみに，例えば廃掃法では，不法投棄に対する法人への罰金額は最大 1 億円（廃掃法 32 条 1 号）である。

る。このように，被規制者は違反に対する法的サンクションだけしか考慮しない，と仮定した場合（通常抑止モデルはそうである）よりはるかに高い割合で，実際には，被規制者は規制を遵守しているのである。抑止を通じて規制法の遵守が達成されるとすると，抑止モデルが想定しているような，法のサンクション規定による抑止以外にも，何らかの抑止のメカニズムが働いていると考えなければならない[220]。

このように，抑止モデルは，サンクション規定が持つ抑止効果を測定しやすいという利点がある一方，法の持つ抑止機能を完全には説明できないという一定の限界がある。この限界が生じる原因は，抑止モデルが以下のことを仮定している点に求められるであろう。上記の基本的な抑止モデルであれ，より複雑になったモデルであれ，基本的に，①被規制者は，違反に関する費用，利益，違反が発見されサンクションが課される確率について，十分な情報を持っていること，②被規制者にとって費用と便益は金銭評価できること，③法定のサンクションが遵守へのインセンティヴであること，を抑止モデルは仮定している（Scholz 1997；クーター・ユーレン 1997）[221]。しかし，このような条件が満たされる状況は現実には多くはない。被規制者が規制法から受ける影響を考えるには，上記基本的抑止モデルが想定していたサンクション規定による抑止効果だけではなく，それに付加的要素を加えなければならない。

---

[220] 水濁法の排水基準違反で有罪判決を受けた法人は，廃掃法の許可要件中の欠格要件に該当し，廃掃法の許可取消しを受ける。廃掃法の許可を得ていない企業には関係のないことだが，許可を得ている企業にとっては，水濁法違反による有罪判決が自動的に廃掃法許可の欠格要件に当たることには，大きな抑止効果がある。この場合は，法のサンクション規定による抑止効果のみでも，遵守が引き出せるかもしれない。
[221] なお，何が違反行為か，具体的かつ明確に理解されていることも，抑止モデルが前提としている仮定の一つである。しかし，水濁法においては，何が違反行為かは極めて明確であるため（排水基準を超えた排出水を排出していることが違反行為である。そして排水基準と排出水の濃度は明確に分かる），この仮定は問題としない。

B 評判やスティグマ（インフォーマルなサンクション）の重要性

Bでは，抑止モデルの上記仮定②と仮定③に関する点を取り上げる。抑止モデルは，違反をした際の不利益として，サンクション規定それ自体による罰金などの不利益を想定していた。これをフォーマルなサンクションと呼ぼう。水濁法においては，行政命令と刑罰がそれに当たる[222]。例えば，排水基準違反によって罰金30万円を支払うこととなった場合，抑止モデルは，その30万円が違反による不利益であると考えていた。しかし現実には，サンクションを受けた被規制者が負担する不利益は，罰金や行政命令により負担しなければならなくなった額のみではない。インフォーマルなサンクションとも言うべき不利益も，被規制者は負うこととなる。典型的なものは，被規制者の評判の低下や社会からの非難，スティグマが当たる[223]。そして，このインフォーマルなサンクションは，フォーマルなサンクションを契機として発生するのである（Parker and Braithwaite 2003）[224]。水濁法の場合，刑罰や行政命令を受けると，その被規制者は企業名を公表され，違反事実とサンクションを受けた事実が公になる。よって，罰金といった法サンクション規定による不利益に加え，評判の低下や社会的非難による不利益も，規制法の持つ抑止力に含まれている，と考える方が現実に沿っているだろう。

実際，行政命令や罰金というフォーマルなサンクションだけではなく，評判の低下といったインフォーマルなサンクションも，違反行為の抑止力として機能している（Grasmick and Bursik 1990; Grasmick et al. 1991）。そして，フォーマルなサンクションよりも，インフォーマルなサンクションの方が，より大きな抑止効果を持つ場合もある（Paternoster and Simpson 1996）。特に，水濁法違反の場合，環境保護が尊ぶべき一つの価値とされている現代におい

---

[222] 廃掃法の許可を得ている被規制者にとっては，廃掃法の欠格要件もフォーマル・サンクションに含まれる。
[223] 道徳的に誤った行為をしてしまった際に感じる羞恥心（罪の意識）は，インフォーマルなサンクションには含めない。
[224] もちろん，フォーマルなサンクションを受けない場合でも，被規制者の評判は低下しうるが，フォーマルなサンクションを受けると，同時にインフォーマルなサンクションも引き起こされるであろう。

ては，環境規制法である水濁法に違反し，排水基準以上の排出水を川や海へ排出していたという違反行為は，人々の注目を集め，被規制者の評判を大きく傷つける可能性もあろう。アメリカ，カナダ，オーストラリア，ニュージーランドの紙パルプ工場を対象とした研究によれば，彼らが最も恐れているサンクションは法律によるものではなく，市民（public）とメディアによって課されるインフォーマルなサンクションであるという（Gunningham et al. 2003: 第3章）。さらに，水濁法のように，罰金額が少額な規制法の場合は，特に評判の低下といったインフォーマルなサンクションによる抑止力の果たす役割が大きくなると考えられる。

評判の低下，スティグマの付与というインフォーマルなサンクションとしては，違反した被規制者は，これまでの取引関係を失ったり（Alexander 1999），有益な関係を他者と結ぶことが今後困難になるという不利益を被ることを想定している。他にも，環境保護意識の高い消費者たちが，当該被規制者の製品をボイコットし損失を被るかもしれない。また，被規制者の株価の下落も起こるかもしれない。このように，規制法によるフォーマルなサンクションを受けた被規制者は，その後他者との関係を結ぶことを避けられ，社会から疎外されるという形で，さらにインフォーマルなサンクションを受けることとなる。

被規制者は，評判の低下やスティグマの付与といったインフォーマルなサンクションを受けることを恐れ，このことも違法行為に対する抑止力の一つになっているという以上の主張には，以下の前提が置かれている。すなわち，規制違反事実とサンクションを受けた事実を公開することで，評判の低下・スティグマの付与が生じること，そして，被規制者は，自分の評判を非常に大切にしており，その評判が傷つくことは避けたいと考えている，ということである。それでは，なぜ違反によって評判が低下し，またなぜ被規制者は自らの評判を気にしているのであろうか。その仕組みに関する一つの説明はシグナリング理論によって可能となる（Kahan and Posner 1999; Posner 2000a; 2000b）。以下では，ポズナーらによるシグナリング理論を概観し，人々が評判を大事にする仕組みを見ることにしよう。以下の考察を通じて，インフォ

ーマルなサンクションが持つ抑止力の限界も、おのずと明らかになるだろう。

　将来利得をどの程度重視するかという、将来利得に対する割引率は、人によって異なる。人々は、割引率の低い「良いタイプ」と、割引率の高い「悪いタイプ」という、二つのタイプに属しているとしよう（ここでいう「良いタイプ」とは割引率が低いという意味であり、「悪いタイプ」とは割引率が高いという意味であって、道徳的な意味合いはない）。「良いタイプ」、つまり割引率が低いほど、その人は将来の利得を大事にするため（つまり、協力が失敗した際に失う将来利得を気にするため）、機会主義的な行動を取らない。繰り返しゲームの状況においては、協力行動が実現できる可能性が高くなる[225]。一方、「悪いタイプ」、つまり割引率が高いほど、将来利得を軽視し現在利得を重視するため、協力行動は発生しにくい。割引率が高い「悪いタイプ」は、機会があれば他人からの協力を裏切り現在利得を得ようとするため、「悪いタイプ」だとみなされれば周囲から疎外されてしまう。「良いタイプ」の人は、「悪いタイプ」の人を避け、「良いタイプ」同士で関係を築こうとする。「悪いタイプ」も「良いタイプ」と組むことを選好する。しかし、この割引率の大きさは目に見えない性質であり私的情報である。他人は自分の割引率を知らないし、また自分も他人の割引率を知ることはできない。

　それゆえ、「良いタイプ」の人は自らを「悪いタイプ」から区別するために、自分の割引率が低いことをシグナルで示す必要がある。そのシグナルとは、「良いタイプ」には負担できるが「悪いタイプ」には負担できないようなコストを、自ら負うことである。負担したコスト分は、その後協力行動から得られる利益によって相殺される。シグナルには、法律とは関係のないもの（例えばプレゼントの贈与など）もあれば、法律と関係のあるもの（例えば、ISO14000シリーズを取得したり、あるいは家電リサイクル法に基づき家電をリサイクルするなど）もあり、様々な行為がシグナルとして働きうる。そして、長い期間にわたり機会主義的な行動を取っていないこと、規制法を遵守

---

[225] ポズナーは囚人のディレンマの繰り返しゲームを念頭に置いている（Kahan and Posner 1999; Posner 2000a; Posner 2000b など）。

していることも，自分が「良いタイプ」であることを示すシグナルとなるであろう[226]（Posner 2000b）。よって，規制法に違反した者は「悪いタイプ」であることが明らかとなる。評判は，過去の行いに基づいた，当該被規制者のタイプについての他者からの推定（belief）であるとすると，違反によって「悪いタイプ」であることが明らかとなり，その結果評判が低下する。周りの人々は当該被規制者を「良いタイプ」だとは信用しなくなり，関係を持つことを拒否する。その結果，当該被規制者は将来得られるはずであった利得を得られなくなるという不利益を被るのである。

このようなインフォーマルなサンクションは，まず規制者（行政や司法警察機関）がフォーマルなサンクションを発動することから始まる。しかし，サンクションとしての効果が発揮されるかどうかは，私人による協力に依存している。というのも，インフォーマルなサンクションが機能するには，周囲の人々がその違反行為を行った被規制者と関わることを，積極的に拒否する必要があるからである。シグナリングの考え方によれば，人々が「悪いタイプ」と判明した違反者と関わることを避ける理由には，二つの理由が考えられる。一つの理由は，その違反者は「悪いタイプ」であることが明らかとなったので，その違反者と関係を持っても協力行動が生まれることはなく，協力の相手方としては信用できないから，というものである。二つ目の理由は，人々はその違反者を積極的に避けることによって，自らが「良いタイプ」に属していることをシグナルし，自らが協力の相手方として魅力的であることを示そうとするから，というものである。もし「悪いタイプ」であることが明らかとなった違反者と関係を持ち続けていると，今度は自分も「悪いタイプ」であると他者から推測されてしまうため，それを避けようとするのである。

以上のようにして，評判の低下やスティグマの付与によって，違反した被規制者はインフォーマルなサンクションを受けることとなる。違反が公表さ

---

[226] この場合，他者が本当に規制法を遵守しているかを皆がチェックする必要はなく，規制法を守っておらず違反が発見されサンクションを受けることが公表されることで，規制法を遵守していなかったことが明らかになる，という流れになる。

れれば，信用できない「悪いタイプ」だとみなされ，将来の有益な機会を失ってしまうのではないか，という恐れも，違反行為をさせない抑止力として働くのである。法によるフォーマルなサンクションに加え，フォーマルなサンクションが同時に引き起こすインフォーマルなサンクションの存在をも考慮することで，規制法の持つ禁止対象行為への抑止効果は，全体としてみればさらに大きいものとなるだろう。

　しかし，インフォーマルなサンクションの持つ偶然性・不安定性もここで指摘しておくべきである。第一に，そもそも規制法（水濁法）の違反が，「悪いタイプ」であることを示しているようなフォーカルなもの（人々の注目を引きつけるもの）であるかどうか，逆にいえば，水濁法の遵守が「良いタイプ」のシグナルになっているかどうか，という点が挙げられる。数多くある規制法の中には，その遵守がタイプを示す重要なシグナルとなるものもあるが，すべての規制法についてそうであるかどうかは分からない。例えば，駐車違反は一つの規制法である道路交通法の違反であるが，この違反によって評判が低下したりスティグマが押されることは考えにくい。また，時代や地域によっても，ある規制法遵守がシグナルになるかどうかは変化する[227]。インフォーマルなサンクションが機能するには，まず当該規制法遵守がシグナルになりやすいか，換言すればフォーカルであるかどうか，という条件を満たすことが，まず必要となる。

　第二に，シグナリングによって「良いタイプ」が「悪いタイプ」と区別できるためには，そのシグナリング・ゲームが分離均衡（separating equilibrium）となっていなければならない。シグナルを送るコストが安価であり，「悪いタイプ」もそのコストを負担できるならば，そのシグナルは「良いタイプ」も「悪いタイプ」もともに送ることができる。よって当該行為は，「良いタイプ」と「悪いタイプ」を区別するシグナルとは働かないことが分かると，人々（良いタイプ）は当該行為にコストを費やすことを止めてしまうかもしれない。コストのかかる行為がタイプを示すシグナルとして働いていないこの状態は，

---

[227] 例えば，飲酒運転が例として挙げられるだろう。

一括均衡（pooling equilibrium）と呼ばれる。このように，シグナルが「良いタイプ」と「悪いタイプ」を区別するには，シグナリング・ゲームが分離均衡になっている必要がある。しかし，実際にシグナルがタイプを区別できているかどうかというよりも，むしろシグナルを見た人たちが「シグナルを送る人はどの人も良いタイプであり，シグナルを送らない人は悪いタイプである」と信じている限り，シグナルは均衡において普及しうる[228]。よって，より重要なのは，シグナルの受け手がどのような信念を抱いているかどうかによって，結果は変化するということである。

　第三に，「悪いタイプ」だとみなされ，社会から疎外されるというインフォーマルなサンクションが，違反者に課す不利益の程度も，一定していないという点も挙げられる。インフォーマルなサンクションの厳しさ，つまりどの程度の不利益が及ぼされるのかは，予測不可能である。過剰な抑止になっているのかもしれないし，実は抑止効果はほとんどないかもしれない。先にも述べたように，インフォーマルなサンクションが機能するには，違反者を避けるという私人の協力が必要であった。しかし，どの程度違反者が社会から疎外され，どの程度の不利益を被るのかは事前にははっきりとは分からない。群衆のダイナミクスによってサンクションの厳しさは異なってくるため，この点は規制者のコントロール外にある様々な外生的要因に依存している。例えば，インフォーマルなサンクションによる不利益を受けるかどうかは，協力的だという評判を確保することで得をするような事業に違反者が従事しているかどうかも，一つの要因であろう。また，シグナルの受け手が，一般的に社会に対してどの程度の信用を置いているのかも，一つの要因である。もしもそもそも社会全体に違反者が多いのなら，シグナルを送らなかったからといってその違反者が他者と比べてより悪いということにはならない。このように，シグナルの受け手が抱いている，タイプの分布についての事前の信念

---

[228] シグナルの受け手が，シグナルを送る人はみな良いタイプという信念を持っている場合，「良いタイプ」「悪いタイプ」ともに，コストのかかるシグナル行動を取り続けることも起こる。当該行動は，もはやタイプを示すシグナルとして働いていないが，その行動を取らないことで，「悪いタイプ」に属していると受け手に思われるのを避けるため，誰も最初にこの一括均衡から逸脱しようとは思わないからである。

にも，不利益の程度は依存している。さらに，違反者に対する受け手の反応は，受け手自身の個人的な状況にも依存している。もしその受け手が，自分は「良いタイプ」だと周囲に示す必要がある状況下に置かれているならば，違反者を避けることで「良いタイプ」だというシグナルを送るであろう。しかし，受け手はすでに周囲から「良いタイプ」だと思われているという自信があるのならば，わざわざ違反者を避けるというシグナルを送ることはしないだろう（Kahan and Posner 1999）。このように，インフォーマルなサンクションが与える実際の抑止効果の大きさは，経験的問題である[229]。

　以上三点を挙げたように，インフォーマルなサンクションには，一定の偶然性・不安定性がある。この点でインフォーマル・サンクションの持つ抑止効果には限界があるといえよう。上にあげた三点はそれぞれ独立したものではなく，お互いに関連している。共通して言えることは，インフォーマルなサンクションが抑止効果を持つには，フォーマルなサンクションを受けた事実を公表される当該規制法違反者が，ある閾値を超えない程度に少ないことが必要だということである。フォーマルなサンクションを受ける違反者が増え，それに伴いインフォーマルなサンクションを受ける違反者が増えるほど，インフォーマルなサンクションの持つ抑止効果は減少する（Rasmusen 1996; Harel and Klement 2007）[230]。逆に，フォーマルなサンクションがまれなほど，それに伴うインフォーマルなサンクションの与える不利益も大きいものとなるだろう。もしフォーマルなサンクションを受けた違反者がある閾値を超えると，当該規制法違反が，「悪いタイプ」であることを示しているようなフォーカルなものとはならなくなる。また，違反者が多いと，違反者の中にはそれほど悪いタイプでない人もいるから，受け手らは，違反者は必ずしも悪いタイプの人ばかりではない，と推測するようになるだろう。したがって，インフォーマルなサンクションを受ける違反者がある閾値を超えて多い場合，

---

[229] 実証的研究によれば，評判を落とすという懸念はその懸念が現実化しない限り，被規制者（企業）の具体的な行動（法遵守プログラムの創設など）には影響を与えないという研究結果がある（Nielsen and Parker 2008）。しかし，その一方で逆の結果を示す研究も存在する（Grasmick et al, 1991）。
[230] 2.2.2.C で取り上げた逐次手番ゲームは，この点を前提にしていた。

人々はその違反者らを避けようとはしない。結果的に評判の低下やスティグマの付与といったインフォーマルなサンクションは発生せず（よって違反者は不利益を被らない），また抑止効果も持たないことになる。

C 不確実性下での意思決定

次に，抑止モデルが仮定していた①のうち（3.2.1.A 末尾を参照），確率の認知について取り上げよう。被規制者は，違反した際，その違反が発見され刑罰や行政命令というサンクションを受ける客観的な確率 p の大きさを知らないため，主観的な確率を推定していると考えられる。その主観的な確率の認知，つまり不確かな状況の確率判断は抑止モデルの予測（期待効用理論）とは系統だって異なることが，心理学や行動経済学によって明らかになっている。ここでは，ヒューリスティックのうちの「思いつきやすさの（利用可能性）ヒューリスティック（availability heuristic）」と，プロスペクト理論（prospect theory）について紹介する。

人の持つ，判断に必要な情報処理能力には限界があり，必要なすべての情報を考慮することは困難である。そこで人はしばしば簡便な判断法に基づいて判断を下していると考えられ，この簡便な判断法は「ヒューリスティック」と呼ばれている。ヒューリスティックに基づく推論は，多くの場合妥当な解答を導くと考えられているが，必ずしも正しい結論には導かないことも分かっている。

トヴァスキーとカーネマンは，不確実性のある事象の発生確率の予測をする際に，人はヒューリスティックに頼った判断をしていることを明らかにした（Tversky and Kahneman 1984a）。その中に，思いつきやすさのヒューリスティックがあり[231]，このヒューリスティックが当面の分析と最も関連している。思いつきやすさのヒューリスティックとは，人は，当該発生不確実な事

---

[231] 彼らは他に，「代表性ヒューリスティック（representative heuristic）」，「調整と係留のヒューリスティック（adjustment and anchoring heuristic）」を指摘している（Tversky and Kahneman 1984a）。

象をすぐに思いつくかどうか，想像しやすいかどうか，によってその事象の発生確率を推定するというものである。実際にその事象が頻繁に起こるために容易に想起できる場合ならば，このヒューリスティックによって正しい判断が可能である。しかし，思いつきやすさを高める要因は，その事象の実際の生起頻度だけではない。まず，その事象がどれほど目立っているか（salience）ということも，思いつきやすさを高める一つの要因であるが，実際の発生確率とは必ずしも関係しない。例えば，その事象が新聞等に載り目立っていると，その目立ちやすさのために思いつきやすくなった当該事象の生起頻度は，過大評価されやすい。ある実験によれば，人は，41の人間の死因の各頻度を推定する場合，その死因がどれほど目立っているか，どれほどメディアに報道されたかによって判断を行いやすいことが分かっている（Lichtenstein, Slovic, Fischhoff, Layman, and Combs 1978）。被験者は，事故死と病死は同程度の頻度で起こると判断したが，実際には事故死よりも病死の方が16倍も発生頻度は高い。同様に，殺人による死は糖尿病や胃がんと同程度の頻度だと判断された（実際は，糖尿病や胃がんの方が死因として多い）。過剰に推定された死因は印象的でセンセーショナルである一方，過小に推定された死因は一般的で人目を引きにくい傾向があった。このように，当該事象が目立ち，思いつきやすいほど，その事象は多く発生すると判断される傾向にあることが分かる。

　目立ちやすさ以外にも，その事象に関してどれだけよく知っているかということも，思いつきやすさに影響を及ぼしている。例えば次のような実験結果がある（Tversky and Kahneman 1984b）。この実験は，有名人の男女39名のリストを被験者に聞かせ，その後，そのリストには，男性と女性のどちらが多くリストアップされていたかを尋ねるというものであった。リストには，リスト掲載されている者のうち，男性有名人らの方が女性有名人らよりも相対的によく知られているリストと，その逆で女性有名人らの方が男性有名人らよりも相対的によく知られているリストという2種類があった。男女の構成は，19名が男性で20名が女性のものと，20名が男性で19名が女性のものという2種類がある。つまり合計4種類のリストがあり，被験者はその4種

類のリストを聞いて質問に答えた。実験の結果，被験者99名中80名が，相対的により有名な人物がいた性別の方が多い，という間違った判断をしている。

　他にも，その事象が最近発生したかどうかも，思いつきやすさに影響を及ぼしている一つの要因である。

　このように，人はある事象の生起確率を判断する際に，その事象が容易に思いつきやすいかどうか，という観点から判断する傾向があるとされている。よって，実際の生起頻度とは関係しない，その事象の目立ちやすさなどによって，発生確率が過大評価されることもある[232]。そして，このようなヒューリスティックに基づいた判断に対し，人は概して過剰な自信を持っている（Slovic, Fischhoff, and Lichtenstein 1982）。

　これらの知見をもとに，水濁法執行の抑止モデルを再度検証してみると，以下のことがいえる。刑罰や行政命令といったサンクションが実際に起こる確率は極めて低いが，被規制者の行うその生起確率の主観的判断については，思いつきやすさのヒューリスティックが影響を及ぼしていると考えられる。被規制者にとって，サンクションが思いつきやすいかどうか，すなわち，サンクションが目立っていて人目を引くものかどうか，サンクションの内容が知られており想像しやすいかどうか，サンクションの発動が最近行われたかどうか，によって被規制者の抱くサンクションの発生確率は影響を受けるといえる。サンクションが目立つなどして思いつきやすい場合，その分サンクションの生起確率は実際のものよりも過大に推定されやすい。このように，違反が発見され，サンクションが課せられる確率 p が大きく判断されるほど，違反した際の期待費用が上昇するため，サンクション規定による法の抑止機能は強まることとなる。サンクションが発生する確率は被規制者によって主観的に判断されるが，その主観的確率が，思いつきやすさのヒューリスティックによって影響を受けうる点がまず指摘できる。

---

[232] 思いつきやすさのヒューリスティックから言える一つの示唆として，発生がまれな事象について話し合いをすると，その分当該事象の覚えやすさや想像しやすさが上昇し，結果的に発生の主観的確率が上昇する可能性があるという点が指摘できよう。

さらに，人は期待効用を最大化するように意思決定を行うという期待効用理論と，系統だって異なる意思決定行動が現実に観察されていることを踏まえ[233]，現実の意思決定との整合を目指すプロスペクト理論を次に概観する[234]。プロスペクト理論は実際の意思決定行動の記述性を高めることを目的とし，多くの心理学実験を基礎として定式化されたものである[235] (Kahneman and Tversky 1979)。

　プロスペクト理論によれば，人間の意思決定過程は 2 段階に分けられる。まず，行動の選択肢がどのように認識されるかを決定する編集段階，その次に編集後の選択肢を評価する評価段階が続く。はじめの編集段階において，問題の定式化が行われ参照点（reference point）から利益と損失を算出する。参照点の位置は，通常の場合，現状と考えてよい。つまり，現状と比較し，選択肢は現状よりも利益をもたらすのか不利益をもたらすのか，その利益と損失の大きさはどの程度かを編集する。次の評価段階では，価値関数 v（value function）と確率加重関数 π（probability weighting function）に基づいて，選択肢全体の効用を評価する。価値関数 v と確率加重関数 π の形状は以下の【図 3.2】，【図 3.3】の通りである。

---

[233] 代表的なものは，アレのパラドックス（Allais paradox）である。期待効用理論に従って意思決定行動が常に行われていないことの詳細な実験結果については，Kahneman and Tversky（1979: 263-273）を参照。
[234] ここでも，本書に関連する性質のみを取り上げる。プロスペクト理論については，Kahneman and Tversky（1979）を参照。
[235] 期待効用理論の持つ特徴として，最終的に保有する財はどのくらいかに注目していること，また確率で重みづけされた効用の線形和として表現されることが挙げられる。しかし，心理学実験によれば，このような期待効用理論の特徴とはそぐわない行動がしばしば観察される。例えば，人は確率 0.8 で 4000 の利益を得るが確率 0.2 で何も得られない選択肢 A と，確実に 3000 の利益を得られる選択肢 B のどちらかを選ぶ際には，人は B を選択する。しかし，確率 0.8 で −4000 の損失を受けるが確率 0.2 で何も損をしない選択肢 C と，確実に −3000 の損失を受ける選択肢 D のどちらかを選ぶ際に，C を選択するのである（カーネマンとトヴァスキーは，このように 0 を軸として選好順序が逆転することを反転効果（reflection effect）と呼び，期待効用理論に対する反例の一つとして，紹介している）。このような人間の意思決定行動の傾向を，より正確に記述するために提示されているのがプロスペクト理論である。

【図 3.2】価値関数 v の形状　　**【図 3.3】確率加重関数 π の形状**

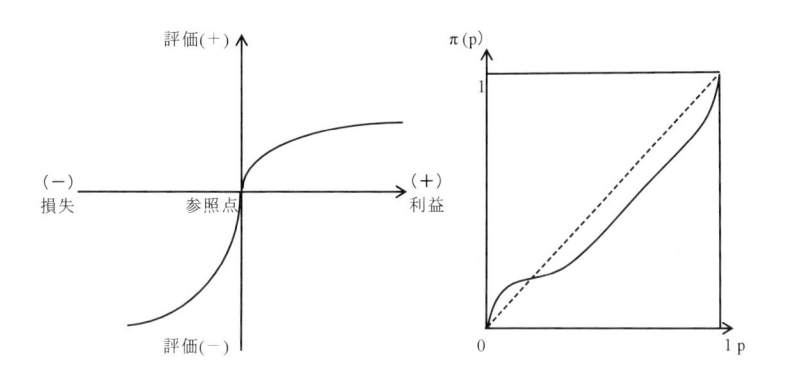

Kahneman and Tversky（1979）；奥野（2008）より。

　価値関数 v は以下の特徴を備えている。第一に，価値関数 v は参照点からの変化によって定められる。期待効用理論が絶対的な最終資産額に注目しているのに対し，プロスペクト理論は参照点からの変化分に注目しているのである。参照点からの増加分に関しては利得とされ，減少分に関しては損失とされる。価値関数 v の形状は変化しないが，参照点の位置が移動することで，同じ利得に対して評価は異なる。第二に，関数の形状は，利得に対してはリスク回避的（risk averse；下に凹型），損失に対してはリスク愛好的（risk seeking；下に凸型）となっている[236]。第三に，価値関数は，参照点の右側（利益）よりも参照点の左側（損失）の関数の方が，傾きが急になっている（【図3.2】参照）。これは，参照点においては，利益よりも損失に対し敏感に反応

---

[236] 一般的に，リスクのある任意のくじ（不確実な事象を表す）$L =[C_H, C_L ; p, 1-p]$ を考え（ただし，$C_H \neq C_L$，$0<p<1$），くじの期待値 $pC_H+(1-p)C_L$ を EC と置くとき，
　　$U(L)=pu(C_H)+(1-p)u(C_L)<u(EC)$
を満たす選好をもつ個人を，リスク回避的な人と呼ぶ。一方，常に $pu(C_H)+(1-p)u(C_L)>u(EC)$ を満たすような選好を持つとき，リスク愛好的と呼ぶ。

することを示している。この第三の特徴は，特に「損失忌避（loss aversion）」と呼ばれている。これは，参照点の状態を既得権益と受け止め，自身の既得権益を失う損失の方が，何もない状態から同じ権益を新たにを受け取る場合の利益よりも大きく感じる，ということを意味する。

確率加重関数πは，客観的に示された確率を，確率の心理的な評価に置き換える関数と考えられる。低い確率に対しては，大きめに感じること（つまり，$\pi(p) > p$ for small p）は確率加重関数πの特徴のうちの一つである。【図3.3】では，小さいpに対してはグラフが45度線よりも上に来ている。これは，発生が極めてまれな事象について，過大に評価することを意味している。しかし，ここで一つの留保が必要である。非常に低い確率で起こる事象は，そもそも第一段階である編集段階において，無視される可能性もあるためである。問題の認知を行う編集段階では，問題を単純化して評価しやすいように再構成するため，確率が非常に低い事象は，編集段階で「発生しないこと」とみなされることも考えられる。したがって，発生確率が非常に低い事象は，無視されるか，過剰に強調されるかのどちらかであろう（Kahneman and Tversky 1979）。

以上のプロスペクト理論による知見から，抑止モデルに対して以下のことが指摘できる。まず確率加重関数の特徴から，被規制者は，発生確率が低い，サンクションを課される確率を大きく感じる傾向がある点が指摘できる。ただし，編集段階においてサンクションはそもそも発生しないと再構成されない限り，という条件付きである。また，確率加重関数は確率pが明示的に表明されている場合に，その確率pをどのように評価するかを対象としているため，そもそもpが不明である場合の過剰推定（ヒューリスティックの個所で先述）とは区別が必要である。とはいえ，現実には，過剰推定と過剰な加重は同時に作用し，発生がまれな事象のインパクトを上昇させるように働くだろう。第二に，価値関数は利益方向よりも損失方向の曲線の方が傾きが急であること，すなわち損失忌避のため，現状の時点から損失を受けることを被規制者は極端に嫌がることが指摘できる。よってサンクションによる損失を被りたくない，という被規制者の傾向は，期待効用理論の想定よりも，よ

り強く見られるだろう。

このように，思いつきやすさのヒューリスティック，プロスペクト理論を参照することによって，確率的事象に対し被規制者はどのような判断を下すかについて，より現実に即した説明を行うことが可能となる。プロスペクト理論は確率が明示的に示されている状況を前提としていたが，確率が明示的に示されていない状況でも用いることができる。確率加重関数の形状は，確率が明示的に示されているかどうかにかかわらず上記のままであると考えられている（Kahneman and Tversky 1979）。よって，確率が明示的に示されていない状況（まさに規制法による抑止の状況では，規制違反が発見されサンクションが課される確率は明示的に表明されていない）では，まず，思いつきやすさのヒューリスティックといった主要な判断バイアスに影響を受けつつ主観的な確率が推定され，それに基づいて確率加重関数による判断の重みづけが行われると説明できるが，現実にはこの二つの作業は同時に行われるのだろう。被規制者にとって，サンクションが発生する確率はある程度小さく，またサンクションが想起しやすいほど，サンクションの発生確率は被規制者に過大に評価される傾向があることが分かる[237]。

「法と経済学」による基本的な抑止モデルは，3.2.1.A で示したように，規制法によるフォーマルなサンクションからの不利益のみを取り入れ，期待効用理論に基づき構成されている。上では，この抑止モデルに加え，評判といったインフォーマルなサンクションや，人間の確率判断の特徴を考慮した。評判が下がるというインフォーマルなサンクションによって不利益を被ることは，シグナリング理論によって説明できる。また人間の行う，確率的な事象についての判断には，一定の傾向があることが，心理学の知見から指摘できる。このように，インフォーマルなサンクション，確率判断の認知はともに，規制法の抑止機能を強化するように働くことが，以上の考察より明らか

---

[237] サンクションが思いつきやすいこと，編集段階で無視されないことなどがその条件であった。

になる。しかし、それにはいくつかの条件を満たすことが必要であることも、先に述べた通りである。

　インフォーマルなサンクション、確率的事象の認知の二つを説明に加えると、その分被規制者の行動をより現実に沿って記述できるという利点がある一方、抑止モデルの持っている、扱いやすさ、予測しやすさ、という利点を犠牲にすることにもなる。先述のとおり、インフォーマルなサンクション、確率的事象の認知はともに、被規制者周辺の状況や被規制者自身の認識、当該法律がフォーカルなものかという偶然性などによって、その持ちうる効果は発生したり発生しなかったりする。よって、抑止モデルの説明力が不完全だからといって抑止モデルは全く使い物にならい、とは言えないだろう。以下で取り上げるように、実証的研究においても、抑止モデルは、質的な方向で正しい予測をしており（Garoupa 2003）、また規制法の持つ抑止機能を明快に示していることから、規制法の機能についての一つの基本的なパラダイムとして承認されよう。抑止モデルにどの程度派生的（現実的）な要素を加えるかは、分析の目的と対象によると思われる。

D　規制法執行過程についての海外における実証分析

　3.2.1.D では、現在までに行われている実証分析を紹介していきたい。アメリカ合衆国をはじめとする海外では、規制法執行過程について、実証的な分析が数多く行われている[238]。なぜ被規制者は規制法を遵守、あるいは違反をするのか、また、被規制者の行動を変化させる要因・動機は何か、という問

---

[238] 実証分析の対象となっている規制法は、環境規制も多いがそれ以外の規制法もある。以下では環境規制法に限らず広く実証分析研究を紹介していきたい。なお、当該分析対象となっている規制法以外の結果を参照することは、規制執行過程研究では一般的にみられることである。

　これらの実証研究では、ランダムに選んだ被規制者に質問書を送付し、回答を得るもの（郵送調査）やインタヴューによるものがある。また、補完的に電話調査、フィールド調査を行っているものもある。回収標本に偏りが生じる危険性があるため、各分析は非回答者にも電話で企業の規模等属性を質問したり、サンプルが母集団の分布に沿っているか確認したりしている。

題が設定されることが多い。ここでは，そのうち抑止モデルを仮説とした実証研究を，中心に取り上げていきたい。実証研究の結果を見ても，基本的な規制法の役割として，フォーマルなサンクションによる抑止は重要な位置を占めており，かつ必要であること，その一方で，評判や道徳的義務感（モラル）など，フォーマルなサンクション以外の要素も規制法遵守に影響を与えていることがわかる。

　規制法の持つフォーマルなサンクションによる抑止を通じ，規制の遵守達成を図ることは，伝統的な遵守確保手段である。サンクションによる抑止機能の観点からは，被規制者が規制を遵守しているのは，違反が発見された後のサンクションを恐れているからであると説明される。実証研究においても，サンクションによる抑止が被規制者の行動を変化させているのか，経験的に検証しているものが多い。

　実証研究の結果から全般的に言えることは，サンクションによる抑止機能は規制遵守確保にとって有効であり，かつ必要であるという点である（e.g., Grasmick and Bursik 1990; Burby and Paterson 1993; Gray and Scholz 1993; Winter and May 2001; May 2004; Wenzel 2004; May 2005）。フォーマルなサンクションを恐れているほど規制を遵守するという質的な予測は頑強である。この抑止効果は，見本となるような違反事例を知っているほど高い（May 2005; Thornton, Gunningham, and Kagan 2005）。このように，規制違反に対し，規制法の持つフォーマルなサンクションが控えているという事実は，被規制者の行動に大きな影響を与えていることが経験的に明らかにされている。

　フォーマルなサンクションによる抑止を，違反発見の可能性，違反発見後サンクションを受ける可能性，サンクションの厳しさ，遵守コストという項目に分けて，分析を行っている研究によると，必ずしも抑止モデルが想定するようには抑止効果は作用していないことも分かっている（e.g., Braithwaite and Makkai 1991）。例えば，サンクションを受ける可能性とサンクションの厳しさよりも，違反発見の可能性の方が，被規制者の遵守行動形成にとって重要であることが，多くの実証分析から指摘されている（Scholz and Gray 1990;

Braithwaite and Makkai 1991; Burby and Paterson 1993; May and Winter 2001; May 2005)。多くの実証研究で，違反発見の確率には抑止効果があるという結果が出る一方，違反発見後のサンクションを受ける確率とサンクションの厳しさが抑止効果を与えているという結果は，出ることもあれば出ないこともあり，サンクションに関しては結果は一定していない（e.g., May 2005）。違反発見の確率が，被規制者の遵守行動形成に強く影響を与えているという一連の結果から，遵守達成には，違反発見を可能にする立入検査（inspection）の重要性が指摘されている（Burby and Paterson 1993; Gray and Scholz 1993）。立入検査が頻繁になされ，また検査時間が長いほど，遵守は達成されやすいとされている[239]。また，規制遵守に必要な経済的，技術的負担が軽いほど，遵守されやすいことも指摘されている（Winter and May 2001）。これは，遵守するコストの方が安価であれば，規制を遵守するという抑止モデルに，適合的な結果である。

　違反発見の確率や違反発見後のサンクションを負う確率は，先述のとおり，被規制者が主観的に抱いている確率である。この主観的な確率はどのように形成されているのか，どのような要因に影響を受けているのか，を調べる実証分析も存在する（Scholz and Pinney 1995）。それによれば，まず，ほとんどの被規制者にとって，違反が発見されサンクションを受ける主観的確率は，実際に検査を受ける確率といった，違反が発見されサンクションを受ける客観的な確率からは，影響を受けていないことが報告されている。そして，主観的確率は当該被規制者の抱いている道徳的な義務感に，強い影響を受けていることが示された（ibid.）。つまり，規制法を遵守しなければならないという義務感が強い被規制者ほど，違反が発見されサンクションを受ける主観的な確率を高く推定することが示されたのである。また，別の研究では，当該規制法を良く知っているほど，主観的確率は高く見積もられることも示されている（Winter and May 2001）。これらの結果は，義務感が強かったり，規制

---

[239] もちろん，立入検査頻度だけでなく，立入検査を行う規制者がどのような執行スタイルを取るかによっても，被規制者の行動は影響を受ける（第2章や後に紹介する実証研究を参照）。

を良く知っているほど「思いつきやすく」なり，違反が発見されサンクションを受ける可能性を過大に評価しやすいという，ヒューリスティックの存在を示していると理解できよう。規制法やその遵守に強くコミットしているほど，違反発見とサンクションの確率について，情報処理や判断にバイアスがかかり，過大評価される傾向のあることがいえる。

実証研究では，規制法遵守に対する評判の重要性も指摘されている（e.g., May 2004; May 2005; Thornton et al. 2005）。被規制者は，規制違反によって自らの評判を落とすことを避けようとするため，被規制者が評判を重視するほど規制遵守は達成されやすいことが報告されている。

以上のように，規制法の持つフォーマルなサンクション，インフォーマルなサンクションによる抑止は，被規制者の遵守行動形成に対し重要な位置を占めており，かつ必要であることは経験的にも認められていることが分かる[240]。

3.2.2 法の表出機能

3.2.1では，規制法の持つ抑止効果について取り上げた。このように，規制法に対し被規制者はどのような行動を取るのか，なぜ被規制者は規制を遵守するのか，について「法と経済学」では，規制法の持つサンクションによる抑止効果について，もっぱら注目してきた。抑止モデルの基本的な考え方は，

---

[240] なお，被規制者の行動を変化させるものは，法による抑止のみならず，他の要因も存在することも，上述の実証研究で示されている。その中でも，「法には従うべきである」という倫理感・道徳的義務感の果たす役割も大きいことは特に明記しておかなければならない。例えば，法の持つフォーマルなサンクションによる抑止は，倫理感が弱い被規制者に対しては効果はあるが，倫理感が強い被規制者に対しては効果が薄い（Wenzel 2004）。（より具体的には，サンクションの厳しさについてはそのような結果がでたが，サンクションを受ける確率については，被規制者の持つ倫理感の強弱によって抑止効果に差は表れず，ともに抑止効果がある結果が出ている）。規制法には遵守しなければならないという道徳的義務感が，規制遵守を導いていることも実証的に指摘されている（Grasmick and Bursik 1990; Winter and May 2001）。さらに，それ以外にも，規制官の執行スタイルや（Burby and Paterson 1993; Winter and May 2001; May and Wood 2003; May 2004），規制官や政府への信頼（Scholz and Lubell 1998; Murphy 2004; May 2004）も，規制遵守に対して影響を及ぼす要因である。

フォーマルなサンクションを課すことによって禁止行為を行う期待コストを上げ，よって禁止行為を抑止するというものであった。経験的にも，法のサンクションによる抑止効果はあることも上で示された。

しかし，1990年代前半頃から，サンクションによる抑止効果とは別に，法は被規制者の行動に影響を与えているのではないか，という議論が起こっている。これは，「法の表出機能 (expressive function of law)」と呼ばれている[241]。この表出機能は，規制法のサンクションが実際には執行されていない状況，また法に規定されているサンクション（例えば罰金）があまりにも軽微なもので抑止効果が期待できないにも拘わらず，人々は規制法を遵守している状況を想定して，よく指摘される。例えば，「犬の散歩をするものは，犬のフンをきちんと後始末しなければならない」という条例があるが，それに違反しても罰金が規定されていない，もしくは少額の罰金が規定されてはいるものの極めて少額であるため抑止効果がない場合を考えてみよう。この場合，抑止モデルでは，犬の散歩をする人々は犬のフンの後始末をしないと予測する。しかし，現実には，サンクションがないにも拘わらず飼い主はフンの後始末をする現象がよく見られるのである（Cooter 2000参照）。法によるサンクションが規定されていなくても規制法が遵守されているため，これには抑止効果以外の説明が必要になる。

また別の例を挙げよう。2008年6月1日から，道路交通法改正により車の後部座席でもシートベルト着用が義務化されたことは記憶に新しい。この改正では，後部座席のシートベルト着用義務化は，すべての道路が対象である。サンクションとしては高速道路においての違反のみ，行政処分の基礎点数1点が規定されているが，一般道ではサンクション規定は存在しない。また高速道路でどの程度違反が取締られているのかも定かではない。それにも拘わらず，後部座席のシートベルト着用率は義務化以前と比べ，大幅に向上していることが分かっている。2008年10月に行われた調査によれば，後部座席のシートベルト着用率は全国平均で，一般道では30.8%（前年比＋22.0ポイ

---

[241] 特に，社会規範に着目している「法と経済学」研究において，法の表出機能は頻繁に議論される。例えば Sunstein (1996)。

ント)，高速道等では62.5%（前年比＋49.0ポイント）であった[242]。このようにみると，サンクションによる抑止効果とは独立に，法には人々の行動を変化させる影響力がありそうである。

　本書が着目している水濁法についても，同様の現象が見いだせる。水濁法の場合，サンクションが発動される機会は極めて少ないにもかかわらず，多くの被規制者が規制を遵守している。法の表出機能は，サンクションの発動が極めてまれな水濁法の遵守行動についても，一つの説明を与えてくれるだろう。

　3.2.2 では，この表出機能について取り上げる。また，近年では表出機能について，実験など経験的研究も盛んに行われているため，これら経験的研究についても，最後に触れる予定である。

　法の表出機能にはいくつかの説明が可能であるが，まずは，規制対象行為自体の危険性に関する情報の提供，という側面から見てみよう（Dharmapala and McAdams 2003）。法は，規制対象行為それ自体の保有する効果や危険性についての情報を，提供できる。被規制者は，その規制法によって，当該対象行為自体が孕む有害性についての自らの認識を更新し，コストベネフィット計算を改める。このように，規制法は規制対象行為自体に関する情報を提供し，当該対象行為の利得を下げることによって，被規制者の行動を変化させる効果のあることが指摘できるだろう。政府や地方自治体が一般市民よりも正確な情報を有している場合はもちろん，たとえそうでなくとも法が制定される過程を通じ有益な情報が集まり法として結実する場合もある（Dharmapala and McAdams 2003）。

　例えば，上記シートベルト着用義務化についてみていこう。法がシートベルト着用を義務化することで，法は，シートベルト不着用がもたらす有害性についての，人々の認識を変化させることができるだろう。つまり，被規制

---

[242] 社団法人日本自動車連盟（JAF）と警察庁が行った「シートベルト着用状況全国調査」より。調査は2008年10月1日から18日にかけ，一般道は全国780か所，高速道等は全国104か所で実施された。詳細は，http://www.jaf.or.jp/safety/data/pdf/sb2008.pdf を参照。

者の中には，法制定以前に想像していたよりも，シートベルト不着用は危険な行為である，という認識に改める者もいる。そのような人々は，シートベルト不着用の際のリスクを重くとらえ，シートベルトを着用するようになるだろう。同様に，水濁法においても，ある一定の基準以上を排出してはならないと定めることで，規制対象行為の持つ，汚染の有害性を伝えていると考えられる。排水基準以上の排出水を排出することは，自らの以前の認識以上に川や海への汚染に悪影響を与える，と認識を更新する被規制者は，規制対象行為（ここでは，排水基準以上の濃度の排出水を排出すること）の孕む危険性を以前より大きく認識するために，結果として基準以上の排出水を排出しなくなるだろう[243]。このように，規制法は対象行為そのものに内在する危険性や効果についての情報を，被規制者へ提供することを通じて，被規制者の持っている対象行為に対する認識を更新させることができる。そして，認識が新たに更新されることによって，人々の行動に変化がもたらされるのである。

　上記は，規制対象行為そのものについての情報を法が提供する場合であった。しかし上記以外にも，法は，ある情報を提供することができる。それは，規制対象行為が社会一般に支持されているかどうかという，社会成員の選好に関する情報である（McAdams 2000b）。

　被規制者は他者からの評価を多少なりとも気にしており，自分がどのような行動を選択するのか，その選択の一部には他者の評価が影響を及ぼしていると仮定しよう[244]。他者からの評価が自分の行動に影響を与えているということは，つまり，他者がどのように評価するかについての自分が持っている予測が変化すれば，選択する行動も変化するということを示している。そして，民主主義的に成立した法は，社会構成員が何を支持しており何を非難するかについての一定の情報を提供していると考えられる[245]。つまり，ある行

---

[243] 環境保全に対し効用を見出す被規制者についてこのことは言えよう。
[244] 他者の評価を気にする理由は，他者からの支持を得ることそれ自体を好むという内生的なものであれ，別の目的達成のために他者からの支持を得たいという道具的なものであれ，どちらでも構わない。
[245] この点に関し，本当に立法者の判断は，社会構成員の意見が反映されているものな

為を法で規制し禁止しているという事実は，その社会の多くの人が，当該対象行為を規制し対象行為が起こらない状態を選好していることを示している。例えば，公共の場では喫煙禁止という法があった場合（罰金は規定されていないとする），その規制法があるということは，その社会において，公共の場で喫煙をすることを否定的に評価する社会構成員が，少なからず存在することを示している。よってそのような状況で，禁止行為を行った場合，他者からの非難可能性は上昇する。他者からの評価を気にしている被規制者は，他者からの不支持という不利益を避けるため，当該禁止行為を行わなくなるだろう。このように，法は，他者が何を好ましいと考えているのか，また他者からの非難可能性についての情報を与えることを通じて，被規制者の抱いている，当該規制対象行為に関する他者の評価の予測を更新させる。被規制者は，予測を更新し，規制対象行為を行った場合の利得が下がったことを受け，規制対象行為を行わないようになる。法は，他者の評価に対する被規制者の抱く予測を変化させることで，被規制者の行動を変化させることができるのである。

　他者からのサンクションを通じ対象行為の利得を下げることによって，対象行為を抑制するという点で，これは3.2.1で取り上げた抑止のメカニズム，特に評判というインフォーマルなサンクションのメカニズムと同じである。しかし，3.2.1では，法はサンクションを規定し，そのフォーマルなサンクションとそれに起因して生じるインフォーマルなサンクションを議論の対象としていた。一方，今回は，法は情報を提供しているにすぎない点で，3.2.1の場合とは大きく異なる。今回は規制法にサンクション規定はなくてもよい。

のか，という疑問が生じる。これに対しマカダムスは三点の理由を上げ，規制法の中には社会構成員一般の意見と正の相関関係にあるものもあり，特に表出機能を持つ法についてはそうである，としている。その理由として，第一に，利益団体が存在するとはいえ，一般市民の反対がない規制法案については成立しやすいこと，第二に，社会に広く知られている法にこそ表出機能があり，そのように広く知られている規制法の成立には広範な社会的賛成が必要であること，第三に，法案に反対する利益団体があるなかで成立した規制法には，世間の支持が必要である，というものである
　(McAdams 2000a)。なお，実際に規制法に社会構成員の意見が反映されているのかも重要であるが，規制法には他者の評価についての情報が含まれているとする社会的現実も，同様に重要であろう。

法の役割が異なるのである。今回の場合，法は，社会構成員の考え方についての情報を提示しているのみである。被規制者はその情報から他者の反応を推察して，対象行為を抑制する。このように，法によるフォーマル・サンクションがない場合でも，法は被規制者に情報を提供することで，人々の行動に影響を及ぼすことができる。

以上は，被規制者は，法を守るべきという道徳的義務感を持つことを前提としない場合であったが，被規制者がそのような義務感を内面化している場合，規制法はサンクションを規定していなくても遵守を導くことが可能である。クーターは，法を守るべきだという道徳的義務感を内面化している被規制者については，サンクションはなくとも，規制法が存在していることで当該規制法の遵守が達成可能であると考える (Cooter 1998; Cooter 2000)。また，後述の 3.2.3 と関連しているが，規制法制定によって，規制対象行為を「義務違反行為」とフレーミングすることによって，対象行為に対する被規制者の選好を変化させる可能性もあるだろう (Bohnet and Cooter 2003)。規制対象行為を違法と定めることで，被規制者は当該行為を魅力的だと思わなくなることも指摘できる。心理学においてはフレーミング効果によって，同じ行為でも，行為の描写が異なると，行動が変化することが指摘されている (Tversky and Kahneman 1986)。水濁法の文脈では，一定の排水基準を超えた濃度の排出水を排出することを，規制禁止行為と定めることで，被規制者は，当該禁止行為を行うに当たり罪の意識といった心理的な負担を負うことが考えられる。このように，ある行為を禁止行為と定めることで，フレーミング効果によって当該行為に対する選好が変化する可能性も指摘できよう。

さらに，法の表出機能は，複数均衡が存在する調整ゲームの状態でも，その機能を発揮する。これは，向かい合う車が道路の右側を通るか左側と通るかというような純粋な調整ゲームだけではなく，一部利害が対立している調整ゲーム[246]の場合でも言える[247]。調整問題が発生している状況において，

---

[246] 男女の争いのゲーム，チキンゲーム，タカハトゲームが，一部利害が対立している調整ゲームである。男女の争いのゲームより，チキンゲーム，タカハトゲームの方が，利害の対立度合いは強い。ここではタカハトゲームを紹介しよう（チキンゲームとタ

法は複数均衡のうち，そのいずれかをフォーカル・ポイントとして目立たせることで，相手プレイヤーの選択する行動についての予測を立てさせ，行動を調整することを可能にする。ここでは，状況を単純化してプレイヤーを二名にし，ゴミのポイ捨てをするかどうかという場合を想定しよう。プレイヤーらは相手がポイ捨てするのなら自分もポイ捨てをするが，相手がポイ捨てをしないのなら自分もしない，という利得構造をしている。このゲームの純粋戦略ナッシュ均衡は，両者ともゴミをポイ捨てするか，両者ともポイ捨てしないかのどちらかである。ここで，「ごみのポイ捨て禁止」というルールができることで，両者ともゴミを捨てないという均衡がフォーカル・ポイントとなりうる。すると，被規制者らはお互い相手の行動について，ゴミをポイ捨てしないという戦略を採用するだろうという予測を立てることとなり，そ

カハトゲームは同じ構造をしている）。二人のプレイヤー間で資源を分けあう際，プレイヤーは攻撃的なタカ戦略か，譲歩するハト戦略のどちらかを選択する。ハト同士なら資源を均等に分けあうが，タカとハトが対峙した場合，タカは争いをすることなく資源を独占する。タカ同士が対峙した場合，資源をめぐり争いが生じ，お互い大きく傷つく。利得表は以下のようになっている。

プレイヤー1／2	ハト	タカ
ハト	(1, 1)	(0, 2)
タカ	(2, 0)	(-2, -2)

純粋戦略のナッシュ均衡は，プレイヤーの一方がハト戦略を採用し，もう一方がタカ戦略を採用する戦略の組み合わせである。

[247] マカダムスは，喫煙家と非喫煙家のゲームをタカハトゲームとして，法がフォーカル・ポイントを提供し，調整を成功させることを説明している（McAdams 2000a）。このゲームの純粋戦略ナッシュ均衡は，喫煙家が我慢するか，非喫煙家が我慢するかのどちらかの状態である。両プレイヤーにとって，自らの望みが実現されることが最も望ましいため，両者の利害は対立しているが，その一方，両者ともタカ戦略を採用し口論や喧嘩が起こることは避けたいという共通利益も存在する。このような状況において，法はどちらかの均衡状態をフォーカル・ポイントに定めることによって，プレイヤー間の行動の調整を可能にさせる。例えば，「空港のロビーでは禁煙」というルールがある場合，そのルールは，喫煙家が我慢するという均衡を目立たせ，非喫煙家はタカ戦略，喫煙家はハト戦略をプレイするだろうという予測をプレイヤーらに立てさせる。両者とも，相手がどのような戦略を取るのかについて，法があることでその予想が可能になり，かつ法はその予測を共有知識化させるため，調整は成功するのである。

の結果両者ともポイ捨てをしないという均衡状態が実現できる。

　さらに，法が成立する以前にはポイ捨てをする状態が均衡であった場合，法による行動の変化は極めて大きい。もちろん，いままでの先例は一つのフォーカル・ポイントを提供しているが，法には正統性と知名度，独特さが備わっており，法が制定されることで，プレイヤー間の他者の行動の予測が変化する可能性は十分にある。このように，相手プレイヤーはポイ捨てをしないだろう，という予測へと変化させることで，被規制者が法遵守に義務感を持っていなくとも，法は被規制者の行動を変化させ，均衡を変化させることは可能である（McAdams 2000a）。

　このように，複数均衡が存在する場合，法が複数均衡のうちの一つの均衡をフォーカル・ポイントとすることで，行動の調整を可能にさせるという議論も，法の表出機能として重要視されている。規制法の遵守・違反選択には，遵守・違反者数に応じた外部性の性質[248]が備わっていることが一般的であるから，調整問題も発生しうると考えてよいだろう。水濁法のケースでは，被規制者間で複数均衡の調整問題が生じているとする理解の仕方が，現実をどの程度捉えているのかは，残念ながら定かではない[249]。被規制者によっては，利得構造が調整ゲームとはなっていない場合もあるだろうし，また被規制者が自らの状況を調整ゲームと認識していないかもしれない。ゲーム状況についての，被規制者の認識の重要性については，また後ほど触れるであろう。とはいえ，水濁法被規制者の利得構造・遵守行動を考察するに当たり，上に挙げた複数均衡の状況での，法の表出機能の可能性は十分一考に値すると思われる。

---

[248] 一般的に，規制遵守・違反の選択には，どれだけの割合の人々が規制を遵守・違反しているのか，ということも考慮されていると考えられる。例えば，上にあげたポイ捨てや，駅前の自転車の駐輪のように，違反をしている人が多いほど，さらに違反がやりやすくなり，その結果違反数が増える。これには臨界量モデルを当てはめることができる（臨界量モデルについては，ここでは立ち入らない。詳細は，Schelling 1978: 102-106; 太田 2000: 144-154)。

[249] 被規制者は，他の多くの被規制者の行動と関係なく，規制遵守・違反を選択している場合も想定できるためである。

以上，法の表出機能について検討した。規制法は，情報を提供することを通じ，他者がどのように行動・評価するかについての各人の予測を変化させること，規制対象行為そのものに対する選好や利得構造を変化させること，によって行動に影響を及ぼすことができるのである。

　この法の表出機能の議論については，いくつか言及しておくべき点がある。まず，法の表出機能が機能するためには，当該規制法が，被規制者など広く人々に知られている必要があるという点である。そもそも当該規制法が広く知られていなければ，法が表出機能を発揮することができないのは明らかである。また，法の表出機能の議論は，法には抑止機能が不要だとか，抑止機能よりも表出機能の方が重要あるいは効果的である，という主張はしていない。「法と経済学」では，従来，もっぱらサンクションによる抑止効果のみを分析してきたが，サンクションによる抑止効果以外にも，法には人々の行動に影響を及ぼすことができるとするのが，「法と経済学」における法の表出機能の基本的な考え方である。水濁法のようなサンクション規定をもつ規制法は，実際には抑止機能と表出機能を同時に作用させているとみられる。

　法の表出機能の議論に対し，経験的な検証が行われていないことはこの議論の弱点であった。しかし，近年では法の表出機能の有無や働き方，その効果について経験的な検証が始まっている。以下では近年行われ始めた，法の表出機能の実証的研究について簡単に紹介することにしよう。

　実験の取り上げる状況は，調整問題が発生している状況が多い。理論的には，調整問題が発生している場合，法はフォーカル・ポイントを提供し規制法遵守を導くことができるというのであった。実験では，調整ゲーム状況の場合，法には表出機能があり，遵守を引き出すことができるという実験結果が多く提示されている（Bohnet and Cooter 2003; McAdams and Nadler 2005; McAdams and Nadler 2008）。つまり，法は，規制法遵守という一つの均衡を目立たせ，顕在性を与えることで，遵守を引き出している。また，罰金が少額で十分な抑止効果がない規制法について，被験者グループ内で投票を通じて成立した法がある状態では，法がない状態と比較して，遵守行動をとる被

験者が多かった (Tyran and Feld 2006)。これらの実験結果から言えることは，法が，他者の行動についての予測を提供しているならば，法はサンクションによる抑止がなくとも，遵守を引き出すことができるということである。

また，実験室実験ではなく，現実の社会で法の表出機能の存在を調べる研究も存在する。ファンクはスイスでの投票の法的義務廃止をめぐり，投票率がどのように変化したのかを調べている (Funk 2007)。スイスでは，市民の投票は法的に義務付けられている州があり，また投票義務違反には罰金が規定されている州もある。罰金額はドル換算して1ドル以下であり，象徴的なものにすぎない。ファンクは投票義務化が廃止された州と義務化を続けている州の投票率を比較し，法の表出機能の有無を調べている。義務違反の罰金はとても低額であり抑止効果はないにも拘らず，投票の法的義務廃止によって投票率が有意に減少したという結果が報告されている。また投票率減少の大きさは州によって異なり，法的義務があった頃投票率が高かった州ほど，義務化廃止による減少分は大きいという結果が出た (Funk 2007)。この結果も，法の表出機能の主張と一致するものである。さらに，3.2.2冒頭で紹介した，道路交通法改正に伴う後部座席シートベルト着用義務化による，着用率の大幅上昇という現象も，法の表出機能の議論に沿ったものである。

しかし，法の表出機能の存在に懐疑的な実験結果も報告されている。囚人のディレンマゲームや混雑ゲーム (crowding game) の状況の場合，選好を変化させるという結果は出てこなかった (Bohnet and Cooter 2003)。また罰金額が低額で抑止効果を持たない法が，実験者から被験者らに外生的なものとして提示された場合，法がない状況と比較して遵守が有意に上昇することはなかった (Tyran and Feld 2006)。

法の表出機能についての経験的な検証は，今後さらに行われるであろうが，現在までの状況をみると，調整問題が発生している状況において，法は，他者の行動を予測する際に一つの有益な情報を提供するという機能があることは言えそうである。換言すれば，複数の均衡がある状況では，規制法はフォーカル・ポイントを提供し規制遵守を引き出すことができると考えられる。ゴミをポイ捨てするかどうか，税金を払うかどうか，信号無視をするかどう

かなど，被規制者間において調整ゲームが発生している規制法の状況は多い。そして水濁法も一定程度調整ゲームの様相を呈している。調整問題が生じている場合には，規制法に十分な抑止効果がなくとも，規制違反均衡から規制遵守均衡へ均衡を変化させることは可能である。

　ここで重要なポイントとなるのは，プレイヤーたる被規制者が自らの状況をどのように認識しているかということである。被規制者が規制対象行為を行うにあたり，その状況が，複数均衡のある調整ゲームなのか，それとも自分のみ裏切った方が得になる囚人のディレンマゲームなのか，被規制者がいずれのゲームとして当該状況を認識しているのかによって結果は大きく異なる。規制状況についての被規制者自身の認識と，被規制者が他の被規制者の認識をどのように予想しているのか，という点が，法がフォーカル・ポイントとして働くかどうかの際極めて重要なのである[250]。

3.2.3　意味の変化を通じた影響

　最後に，意味の変化を通じた影響について取り上げる。これは 3.2.2 法の表出機能ですでに検討したことと一部重複する部分もあるため，ごく簡単に触れるのみになろう。

　ここで取り上げる影響とは，規制対象となった行為そのものが持つ意味が変化するということである。規制法の文脈で考えよう。規制法はある行為を禁止行為と定めることによって，複雑な現実を、「違反」と「遵守」に二分する。そして規制違反行為には「違反」というラベルを貼ることで，当該規制対象行為に，新たに「義務違反」という意味を付与することができる。規制対象となったことで当該行為に付される意味が変化し，当該行為に対する被規制者の認識も変わるであろう。認識が変化することによって，被規制者は自らが身を置く環境を，法制定以前とは異なった形で認知する。そこから被

---

[250] したがって，フォーカル・ポイントを提供するという法の表出機能を政策的に利用しようとするためには，政府は被規制者について非常に多くの情報が必要になる（Bohnet and Cooter 2003）。

規制者の行動が変わるという流れが指摘できる。この場合，規制法は，対象行為を抑止しているのでも，情報を提供しているのでもない。被規制者に対し，自らが身を置く環境の認知に影響を与えているのである。

このような，規制遵守行為・規制違反行為の創設とラベリングは，状況の認識を単純化することにも貢献する。例えば，川や海へ汚れた排水を排出することは環境破壊につながるが，実際にどの程度汚れた排水が，環境破壊につながるとして非難可能なのかは，何らかの基準がないと判断できない。水濁法の定める排水基準は，排水基準を超える濃度の排出水は違法行為である，と定めることで，現実を二分化し状況の認識を単純化してくれる。実際，環境規制法は，規制者以外で，被規制者の行動に影響を与え，また被規制者の行動を評価する，周辺住民や消費者，環境保護団体等，取引相手，銀行，投資家等にとって，評価や判断のベンチマークとして機能していることが，報告されている（Kagan, Gunningham, and Thornton 2003）。規制を遵守しているか，排水基準を守っているかどうかが，他者が被規制者を承認するかどうかの基準点となっているのである。規制法によって、ある行為が遵守と違反のどちらかに二分化され[251]，違反に当たる場合はその行為は「義務違反」というラベルを貼られる。このように，規制法は遵守・違反行為の創設とラベリングを行うことによって当該行為の持つ意味を変化させ，よって行動に影響を与えることができるのである。そして規制者・被規制者以外の者も，この二分化とラベリングに基づき、被規制者の行動を評価する。

以上が，規制法の持つ，意味の変化を通じた影響の中核であるが，ときに意味の変化は、規制法が期待しない方向に進むこともある。つまり，規制法が違反行為を定め罰金を規定する場合，法が期待しているような意味が生じず，むしろ違反行為が助長される可能性もあるのである。ルールが罰金を規定している場合，市場交換からの類推により，罰金が，「当該行為を行うのに必要な料金」と認識されてしまう恐れのあることが，イスラエルのデイ・ケ

---

[251] 水濁法のように，何が義務違反行為なのか明確な場合はもちろん，そうでない規制法の場合も，規制法は規制遵守行為と規制違反行為を理念的に創設し，規制違反行為に対し非難されるべき「義務違反」というラベリングをしていることは，同様である。

ア・センターでの実証研究で指摘されている（Gneezy and Rustichini 2000）。この実証研究では，規定時間より遅れて子供を迎えに来る保護者に対し，遅れた時間に対応する罰金を導入したところ，かえって時間通りに子供を引き取りに来ない保護者が増加したことが報告されている[252]。また，先に紹介したスイスの投票義務の研究によると，義務違反に対し罰金額を 1 ドル相当額から 8 ドル相当額に上げた州では，かえって投票率が悪化したという。今まで象徴的であった罰金が現実的な罰金になったことで，市民は投票に行かないことを「正当化」できるようになったのかもしれないとファンクは述べている（Funk 2007）。

　罰金の規定が，規制対象行為に非難すべき義務違反という意味を付すのではなく，規制対象行為は料金のかかる商品，という意味に認識される可能性を孕んでいることが，ここから言える。このように，規制法を通じて生じる意味の変化は，規制法が期待するような望ましい方向へ進むとは必ずしも言えない。特に罰金規定のある規制法の場合，罰金が料金と認識される可能性は少なからず存在する[253]。

3.2.4　小括

　3.2 では，規制法が，被規制者の意思決定・状況認知に対し，どのようなインパクトを与えているのか，法自体が持つ機能について検討した。「法と経済

---

[252] デイ・ケア・センターの例では，罰金額は子供一人当たり一回の遅刻で 10 シケル（当時のレートでは 1 ドルが 3.68 シケルに相当。よって罰金額は約 2.72 ドル）であった。この罰金額は取るに足らないほどの額ではないが比較的低額だという（Gneezy and Rustichini 2000）。

[253] 罰金の料金化とも言うべき意味の変化は，その罰金額がそれほど高額でない場合に，より起こりやすいのかもしれない。水濁法の場合も罰金額は決して高額ではないため（例えば直罰の場合罰金額は 50 万円以下（31 条 1 項 1 号）であり，これは排水処理装置よりも低額である場合が多い），罰金の料金化という可能性は捨てきれない。他にも，罰金の料金化という現象には，違反の場合その罰金が確実に徴収されることも関係しているかもしれない。デイ・ケア・センターの例，スイスの投票率の例ともに，義務違反した際には確実に罰金が徴収されていることは，罰金額の相対的低さとともに両者の大きな共通点である。

学」では，サンクションを通じた規制対象行動の抑止機能が，最も多く取り上げられている。被規制者は，サンクション規定のある規制法に対し，違反行為を行った場合に課されるサンクションを恐れるため当該違反行為を行わない。換言すれば，規制法は，違反の際に被る期待コストによって，被規制者のインセンティヴを変化させ，よって行動を変化させる。3.2.2 では，このような基本的な抑止機能を見た後，その発展的な側面について，主に検討してきた。抑止効果は，法に規定されているフォーマル・サンクションのみならず，フォーマル・サンクションの発動に伴って生じる，インフォーマル・サンクションによっても，もたらされる。しかし，インフォーマル・サンクションの発動には一定の条件があった。また，コストの認知には，心理学的なバイアスが作用していることも示された。最後に，規制法の抑止効果に関して数多く行われている，実証研究も取り上げ，抑止効果の有効性と必要性を見てきた。

また，サンクションによる抑止機能の他にも，規制法は，表出機能によって，人々の行動に影響を与えることができる。法は，規制行為自体に関する情報や，他者の評価に関する情報，他者の行動の予測に関する情報を与えることが指摘された。

最後に，規制法による，規制対象行動に付与される意味の変化についても取り上げた。規制法は規制対象行為を創出することで，被規制者の状況認知にも影響を与えることができる。

このように，被規制者は，規制法の存在自体によって，状況認知や利得構造に影響を受ける[254]。規制法が，実際に行政により執行される土台として，

---

[254] 本論ではあまり取り上げていないが，ここで，「法は守るべきものである」とする規範意識について若干触れておきたい。タイラーは，人々が法を遵守する理由を説明する際に，道具的な見方と規範的な見方の二つがあるとしている（Tyler 2006）。道具的な見方とは，抑止機能に代表される考え方であり，被規制者は対象行為に伴うコストとベネフィットを考慮して，当該規制対象行為を行うかどうかを判断する，とする考え方である。一方，規範的な見方とは，被規制者は「法である」がゆえに規制法を遵守する，とする考え方である。この場合，被規制者はサンクションを恐れるゆえに規制法を遵守するのではない。規制法を守ることが内面化されているために，遵守するのである。「法と経済学」では，人々の保有しているこのような道徳的義務感（規範意識）については，選好に包含されるとして直接的に扱うことは少ないが，クーター

以上のような作用が被規制者に働いているのである。なお，本節 3.2 で取り上げた，被規制者が規制法から受ける影響を理解するという試みは，規制執行過程を理解するのみならず，規制の遵守率を上昇するにはどうするべきかという，より政策的・実践的な課題につながるトピックでもある。

3.3　行政活動の介在によって法の機能はどう影響を受け得るか

　3.2 では，法自体の持ちうる機能について見てきた。上で考察した法の機能は一般的なものであった。本書が分析の対象としている水濁法の執行過程では，単に規制法が存在しているだけではなく，行政による執行活動も大きな位置を占めている[255]。よって 3.3 では，行政活動の介在により，3.2 で考察した規制法の持つ機能がどのような影響を受け得るのかについて考察し，本章を閉じることにしたい。

の「自己パレート改善」の理論（Cooter 1998）など，選好を扱う研究もある（Shavell（2002）も参照）。そして，現実の被規制者の行動には，多くの場合，規制法を通じたインセンティヴ変更と，内面化された規範意識の両方が共同で働いている。上記の議論では，内面化された規範意識については詳しくは扱わなかったが，それは規範意識が規制遵守に不要であるという意味ではない（規制遵守には義務感が有意に働いているという実証研究紹介からも明らかであろう）。被規制者の中には，インセンティヴ変更を受けなくとも，規範意識を内面化し，法遵守を選好する利得構造を持っている者も多いだろう。

　とはいえ，上で扱った規制法の持つ機能と規範意識は，お互い独立したものではなく，リンクしていることも指摘できる。抑止機能において，義務感が強い被規制者は，より強く抑止効果を受けていることが実証的に示されているし，法の表出機能や規制対象行動の意味の変化は直接的に規範意識にも関わっている（例えば，規制対象行為自体の情報が与えられることで，法を遵守する正統性が強化され，法を守るべきであるという規範意識をさらに高めたり，規制違反行為創出とフレーミングによる状況認知の変化は，そのまま規範意識を発生させることにつながるだろう）。

[255] また，水濁法の被規制者は行政に対し届出を行っており，規制対象者は限定的である。

3.3.1 表出機能と規制対象行為の意味の変化の場合

　先に少し触れたように，表出機能と対象行為の意味の変化という，規制法の二つの機能が被規制者に作用するには，そもそも被規制者が当該規制法をよく知っている必要がある。被規制者自らが，当該規制法の内容を知っていないと，規制法から情報を引き出したり，自らの状況認知の変化は起こらない。この点，行政活動の介在は，被規制者に規制法の存在と内容を知らせることで，上記二つの機能が働く基礎を固めることに貢献する。行政は定期的な立入検査により，水濁法の存在と内容を，被規制者の意識に上らせることが可能である。またその他にも，行政は被規制者に対し，改正に伴う，排水基準や規制項目，規制内容等の変更について郵送で被規制者に直接送付し周知を図っているという[256]。自治体によっては，立入検査の際に，改正について口頭で確認したり，新たな施設を導入予定の場合，それはどのような施設なのか，その施設は特定施設に含まれるのかどうか，注意を喚起している。また，水濁法の場合，そもそも潜在的被規制者は特定施設を設置する際に，届出が必要とされている。届出というプロセスを経ることによって，被規制者は，水濁法の存在とその規制内容を意識的に認識することとなる。これは被規制者の状況認知に大きく関わるだろう。このように，行政による執行活動が介在することで，水濁法の内容は被規制者に知られやすくなっており，表出機能と対象行為の持つ意味の変化という，二つの法の機能は，より働きやすくなっていると考えられる。

　立入検査の実施や改正の郵送などの行政活動は，被規制者に対し，自らが被規制者であることと，規制内容を自覚させることを促すとともに，自分以外の他の被規制者も，お互い同じような行政活動の対象となっていることを推察させる。よって，他の被規制者も自らと同様，規制法の内容を知っているということも推測するだろう。このことは，特に被規制者間で調整問題が発生している（またはそう認識されている）場合，行政活動がない場合よりも，法の提示するフォーカル・ポイントをより目立たせるように働くだろう。

---

[256] 聴き取り調査より。

このように，行政による執行活動の介在を通じ，水濁法の存在と内容を被規制者に意識させることによって，表出機能と規制対象行為の意味の変化という二つの機能は，より促進される可能性があると考えられる。

3.3.2　抑止機能の場合

次に，水濁法の持つ抑止機能について見ていこう。先に見た基本的抑止モデルでは，違反が発見されサンクションが課される確率pを取りこむことによって，行政による執行活動をモデルに取り入れている。立入検査という行政活動によって，確率pが大きく感じられる点は，すでに指摘した。違反が発見されサンクションが課せられる可能性が不確実で，かつ実現する確率が低い場合，確率pの認知はその事象が想起しやすいかどうかによって影響を受ける (3.2.1.C)。立入検査はその想起しやすさに貢献することが考えられる。実証研究でも，立入検査による違反発見の確率は抑止効果を保有していることが示されていた (3.2.1.D)。

とはいえ，この立入検査実施が規制法の抑止機能を作用・促進させるには，その立入検査が抜き打ちである必要がある。水濁法の違反発見は，そのほとんどが立入検査時に行政の行う採水検査を通じてであるが，その立入検査がいつ行われるのか被規制者が知っていると，確率pの値は限りなく小さくなり，法の抑止機能はかなり弱くなる。また，たとえ事前に被規制者に知らせてはおらず，抜き打ち検査の形はとってはいるものの，毎年同時期，同月に立入検査を実施していると，被規制者には，「そろそろ行政による立入検査が実施される時期だ」という予測を立てることができる。そうなれば，上と同様，確率pの認知される大きさはかなり小さくなり，規制法の抑止機能は弱められるだろう。このように，行政活動介在によって，抑止機能は弱まる恐れもある。

フォーマル・サンクションを課すことで違反行為を抑える，という規制法の抑止機能は，規制違反行為を行うかどうか，という上記の場面だけでなく，

違反が行われ行政に発見されたその後の被規制者の対応にも，その機能を発揮する。以下では，違反発見後の行政と被規制者のやりとりにおける，規制法の抑止機能を検討する。

実際の水濁法執行において，改善命令や直罰といったサンクションが発動されるのは極めてまれであった。水濁法の排水基準違反は，ほとんどの場合行政による採水検査によって発見される。しかし，第1章で見たとおり，たとえ違反が発見されたとしても，行政が発見した排水基準違反は，行政指導で対応されている。つまり，フォーマル・サンクションが発動されることはめったにない[257]。このような現状の水濁法執行実態においても，違反発見後の被規制者の行動には，次に述べるようなメカニズムで，水濁法の持つ抑止機能が働いている。

違反に対する行政の対処という行政執行活動が，抑止機能にどのように作用しているのかを見るには，交渉ゲームの考え方が大いに参考になると思われる。以下では，行政と被規制者の違反対処という，違反発見後のプロセスにおいて，行政活動の介在による抑止機能への影響を取り扱っていきたい。まずは行政と被規制者の交渉について説明する。その後，サンクション規定は，威嚇値（threat value）として働き，その限りで抑止機能が作用していることを以下で見ていきたい。

違反が発見された場合，行政は当該被規制者と話し合いの場を持つということは，第1章で記した通りである。水濁法では，基準違反に対し文書による行政指導が行われることが通常であるが，この話し合いで，どのような改善対策を取るか，という行政指導の具体的中身が決定される。その具体的改善対策に基づき対策を行い，違反が是正されたことを，被規制者は行政に報告書として提出し，指導は終了する（詳しくは第1章を参照）。

規制執行における行政と被規制者間の相互依存性は第2章で検討したが，同じことはこの話し合いの場や，話し合い後の被規制者の行動についても言

---

[257] 行政命令と行政指導を合わせた行政措置数における，行政命令の占める割合は，都道府県の場合約1.0%，政令市の場合約0.8%，全国では約0.9%であった（平成19年度。第1章【表1.1】より）。

える。行政は，水質汚濁防止という法目的実現や，被規制者との良好な関係の構築・維持，地域経済の繁栄といった利益を追求している一方，被規制者も利潤の最大化や，自社の評判の向上（あるいは評判低下の防止），市民としての義務の達成といった利益を追求している。違反発見後の話し合いの場という状況では，両者とも相手と利益の相補性がある部分もあれば，利害の矛盾もある。例えば，行政としては排水基準違反状態からの是正を強く望んでいるが（最も是正が確実なのは改善命令を発動すること），その一方，違反を是正する主体は被規制者であり，被規制者が違反是正をするのならば多少の時間がかかっても許容するし，行政指導で違反が改善されるのならそれが望ましい，と考えている。他方，被規制者はできるだけコストは抑えたいが，その一方，行政との関係が悪化したりサンクションを受けるのは避けたいし，環境保護も確かに大切だと思っているというような，行政と被規制者間の典型的状況の場合を想起しても分かるように，利益の相補性と利益の相反は，両者の間で同時に存在している。

　違反発見後の両者の話し合いでは，違反是正に向けた被規制者の具体的対策が話し合われる。違反是正の達成が両者の話し合いの目的であるが，それでは違反是正のために具体的にどのような対策を取るのかが，この話し合いで決定されるのである。主な争点は，改善対策にかかる費用の大きさと，改善対策にかける時間（期限）であると考えられる。どのような具体的対策を採るにせよ，その採用に当たっては，対策にどの程度の費用がかかるのか，またいつまでに完了しなければならないのかという期限が，当該具体的対策を採用するかどうかのポイントとなろう。ここでいう費用とは，現存の排水処理施設の改善費用や，追加の新設費用・管理費用といった，金銭的費用が最も分かりやすいが，他にも，従来はつけていなかった作業日誌を書くなどといった手間や，違反の原因となった物質（溶剤や薬品など）を使うのを止め代替的な物質を使用することなど，金銭的費用に限るものではない。行政としては，違反是正はすぐに達成してもらいたいし，費用をかけるほど改善がより確実に行われるという関係が一般的にあることから，費用のかかる改善対策を行い違反是正を確実にすることを望むであろう。一方，被規制者と

【図 3.4】
行政・被規制者間の，違反改善をめぐる話し合い（交渉領域のない場合）

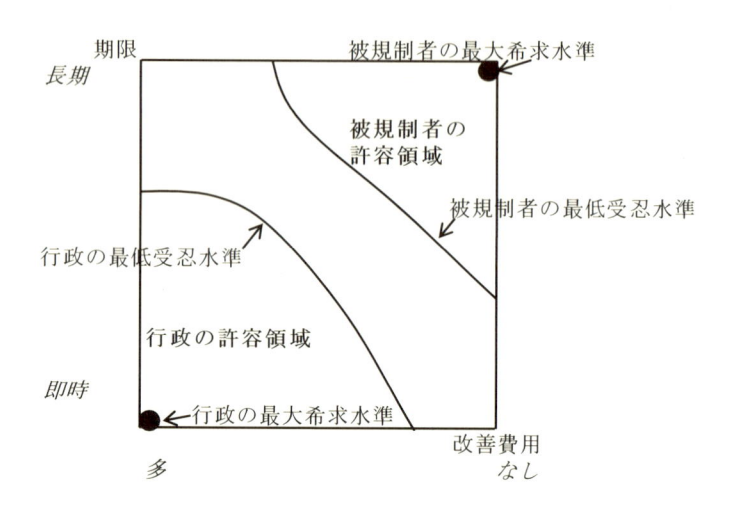

（図：縦軸は「期限」で上が「長期」・下が「即時」，横軸は「改善費用」で左が「多」・右が「なし」。右上に●「被規制者の最大希求水準」，右側に「被規制者の許容領域」「被規制者の最低受忍水準」，左側に「行政の最低受忍水準」「行政の許容領域」，左下に●「行政の最大希求水準」）

しては，すぐに対策の実施を行うこと，多くの費用をかけることは共に負担となるため，長い期間をかけ，できるだけ費用のかからない対策を実施したいと望むであろう。このように，話し合いの争点として，費用と期限の二つを考えた場合，両者の交渉は【図3.4】のように表すことができる[258]。

【図3.4】では，水平の軸が改善費用を表し，左へ進むほど改善費用が多くかかることを示している。垂直の軸は改善対策完了までの期限を表し，上に進むほど期限は長期間になるとする。行政にとっては，即時に改善対策が取られ，改善費用も多くかかる対策ほど良い。即時かつ費用の多くかかる改善対策が現在の違反是正に効果的であり，また将来の違反可能性も減らすことから，最も望ましいと考えている。よって，行政の最大希求水準はグラフの左下の点に表現される。行政にとって最も望ましくないのは，改善対策完了までに長期の時間がかかり，かつ改善費用が投資されない場合である。一方，

---

[258] 太田（1990）第1章を参考にした。

被規制者にとっては，改善対策の期限は即時ではなく，改善費用もかからない場合ほど良い。被規制者は，改善対策の期限が先であるほど，かつ改善費用がかからない場合が最も望ましく（右上の点で表した点が被規制者の最大希求水準である），逆に，改善対策の期限が即時でありかつ改善費用が大きいことが最悪の場合である。両者とも，「最大限この程度までは提案を受け入れることができるが，これ以上は譲れない」とする水準，すなわち最低受忍水準を持っており，図では行政，被規制者の最低受忍水準をそれぞれ曲線で示している。この最低受忍水準の位置は，個別自治体や個別被規制者による違いのみならず，違反が健康項目（有害物質）によるものか，生活環境項目によるものかという違反項目や，違反の程度など，様々な違反状況によっても変化する。最低受忍水準から最大希求水準までの範囲が，許容領域であり，提案がお互いの許容領域に含まれるならば，その提案（改善に向けた具体的対策）で合意することができる[259]。

【図3.4】では，行政と被規制者の許容範囲が重なる集合（交渉領域）は存在しない。これは，お互いの要求の間に大きなギャップがあると，そもそも合意は達成されないことを示している。このような要求水準のギャップがある場合，行政か被規制者，または双方が，自己の最低受忍水準を修正して（これは，効用や選好構造の変更に当たる），合意達成できるように歩み寄る必要がある。

両者の許容範囲が重なり，交渉領域が出現している場合は，以下の図のように表すことができる。

---

[259] 交渉の当事者は行政と被規制者の2者間であるため，取引費用（transaction cost）も小さいと考えられる。

【図 3.5】
行政・被規制者間の，違反改善をめぐる話し合い（交渉領域のある場合）

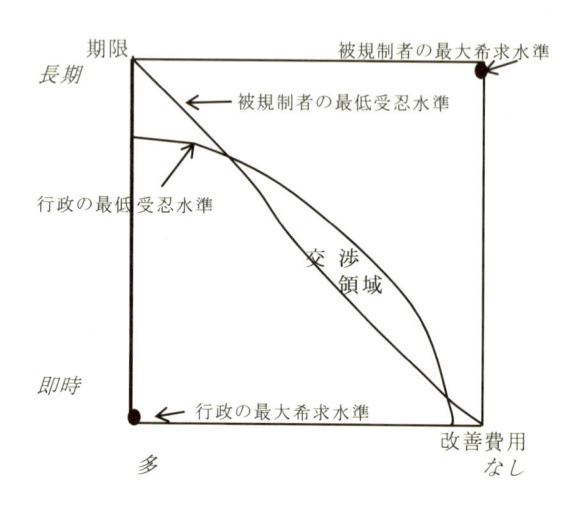

（図：縦軸は期限（長期〜即時），横軸は改善費用（多〜なし）。被規制者の最大希求水準，被規制者の最低受忍水準，行政の最低受忍水準，行政の最大希求水準が示され，中央に「交渉領域」がある。）

【図 3.5】の状況の場合，お互いの許容範囲が重なってできる領域，つまり交渉領域内にある点であれば，どの点であっても，その提案で合意が達成可能である。よって，その領域内のどれかの点に対応する具体的対策であれば，どの対策でも，行政と被規制者の間の交渉で合意が成立可能であることが分かる。このように，交渉の合意点となった当該改善対策が，行政指導の具体的内容となり，あとは当該改善対策に則り被規制者の改善努力が期待されることとなる[260]。

---

[260] 交渉領域が見出されたとして，この交渉領域の中でどの点が合意として実現するのか，さらなる交渉が行われる。交渉領域内のどの点が実現することが最も効率的か，ということについては様々な考え方があるが（佐伯 1980: 200-221 を参照），当面の分析には関連性が薄いので扱わない。最も有名なのはナッシュ交渉解（Nash bargaining solution）である。詳しくは，岡田（1996: 262-271）を参照。

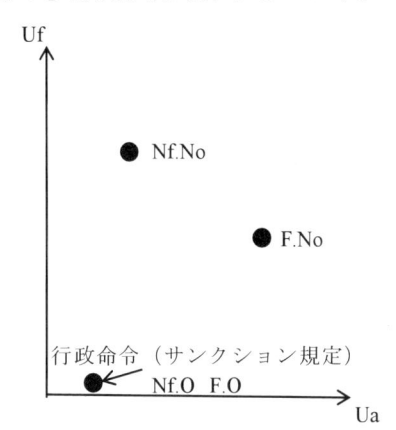

第 3 章　規制法が与える被規制者へのインパクト　189

【図 3.6】 行政指導は従われるのか（その 1）

```
Uf
 ↑
 │         ● Nf.No
 │
 │              ● F.No
 │
 │ 行政命令（サンクション規定）
 │    ↙ Nf.O   F.O
 ●────────────────→ Ua
```

　このようにして，行政指導の具体的内容が決定されるのだが，行政指導が被規制者に従われるのかどうか，ということも同様に交渉ゲームの枠組みで説明ができる。行政と被規制者が，それぞれ二つの選択肢を持っているゲームを想定しよう[261]。被規制者の選択肢は，指導通りに，早く費用をかけて対策を実行すること（follow の頭文字をとって F と置く），指導に従わず，遅く・費用のかからない対策を実行すること（Nf と置く）の二つであり，行政の選択肢は，サンクション（ここでは改善命令）を発動すること（order の頭文字をとって O と置く），サンクションを発動しないこと（No）の二つである。各当事者の利得はお互いの行動に依存しており，上の【図 3.6】のように表せる[262]。

　【図 3.6】では，水平の軸は行政の利得を，垂直の軸は被規制者の利得を，それぞれ表している。左に行くほど行政の利得は増え，上に行くほど被規制者の利得は増える。行政命令を発動した場合は，Nf.O, F.O の二つがあるが，

---

[261] Shelling（1960: 46-52; 訳: 48-55）を参考にした。
[262] Schelling（1960）を参考にした。なお，これは表現が異なるだけで逐次手番ゲームと同じ構造である。

命令を発動するという点で同様なので一つにまとめている。

第1章でも見たように，現実の水濁法執行では，F.No の点が実現している。すなわち，排水基準違反に対し，行政は行政指導を行い，被規制者はその指導に従っている。これは，前頁でモデル化したような，行政指導の内容決定の話し合いというプロセスを通じて，行政指導の内容は，被規制者の都合・意見が多分に反映されていることも理由の一つであるが，さらに，行政指導の背後には法13条の行政命令が控えていることも，行政指導に従うインセンティヴとなっているだろう。【図3.6】は，サンクション規定という「脅し」による抑止が働いていることを示している。つまり，被規制者が Nf.No の点を実現するため F から Nf へ行動を変更しようとすると，行政は Nf を選択するのなら自分は O，すなわち改善命令を選択する，と脅すのである（脅しが明示的・黙示的なのか，あるいは意識的・無意識的なのかとは無関係に，この構造は成立する[263]）。行政が O を選択した場合，Nf.O の点が実現することとなり，この点は被規制者にとって避けたい事態である。脅しがない場合，実現するのは Nf.No の点，すなわち行政指導が行われ被規制者は指導に従わないという事態だが，脅しとなるサンクション規定が存在することにより，行政は F.No の点を実現することができる。行政が，被規制者が Nf を選択するのなら自分は O を選択する，と脅すことにより Nf.No の選択肢をなくし，したがって，被規制者には最初から F.No か Nf.O のどちらかしか選択の余地は残されない。よって，被規制者は F を選択し，F.No が実現するのである[264]。

実は，行政指導の具体的内容が決定される，先に見た行政と被規制者の話し合いの場でも，サンクション規定は影響を及ぼしている。両者は，どのような具体的対策を採用するか，話し合いをもって決定することはすでに見たが，この話し合いの際にも，サンクション規定は間接的に大きな働きをして

---

[263] 蛇足かもしれないが，本書は，行政が，主観的に，交渉している又は脅していると認識していると主張しているのではないことを確認しておきたい。提中（2007）は，自治体職員の主観的な法務意識について取り上げている。
[264] ところで，被規制者は，倒産の危機などの理由から Nf の行動にコミットメントし，実際に Nf を選択するかもしれない。この場合，【図3.6】で示したような三点の相対的位置では，行政は行政命令を行わない。

いる。

　ここで威嚇値（threat value）の概念を紹介しよう。威嚇値とは，交渉が決裂した際の両者の利得を表している。ここでは，指導に従わず，よって改善命令が発動される状況での両者の利得が威嚇値にあたる（交渉理論では，威嚇値の概念は BATNA: Best Alternative To a Negotiated Agreement として，交渉がまとまらない場合に選択しうる最善の状態・代替案を表す）。行政と被規制者の交渉では，違反改善に対し非協力的な対応をとれば，あるいは行政指導に従わなければ，行政は水濁法の規定により，改善の法的義務を生じさせる改善命令を発動できる権限を保有している[265]。このことゆえに，交渉の当事者らは，常にサンクション規定の存在を気にしつつ，交渉を行っているのである。この状況は，「法の影響下での交渉（negotiation under the shadow of the law）」と同じ構造をしている。この「法の影響下での交渉」は，通常，裁判提起前の交渉[266]において指摘されるが，規制法の執行過程についても，同様に当てはまると考える[267]。交渉の際，もし違反改善に非協力的な態度をとったなら，もし指導に従わなかったなら，利得はどうなるか，ということが絶えず水面下で行政・被規制者間で考慮されている。このように，威嚇値として働くサンクション規定は，交渉において大きな影を落とす。サンクション規定は，威嚇値として交渉に間接的に大きな影響を与えているのである。威嚇値であるサンクション規定の内容が変更すれば，交渉の結果，実現する具体的改善対策の内容も変わることが予想される[268]。

　以上を見たうえで，法の抑止機能の議論に戻ろう。現実には，排水基準違反に対し，行政は，行政指導を行うが，その背後には交渉が決裂すれば行政命令を発動することができるという威嚇値を有している。被規制者はその威嚇値の存在を認識しており，それが発動されないように，一定の負担がかか

---

[265] さらに改善命令は，評判の低下などインフォーマルなサンクションももたらす。
[266] 裁判提起前の交渉については，例えば Cooter and Rubinfeld（1989）など，研究の蓄積は多い。
[267] 同様の考えとして，法規定が威嚇値として働き，その間接的影響を受け私的秩序が形成されているという議論が，最近なされている（藤田 2008）。
[268] 威嚇値は，ナッシュ交渉解のベースラインである。

る具体的対策を受け入れ,指導に従い違反を是正するインセンティヴがあるのである。このように,違反にはサンクションを課すことができるという法の抑止機能は,両者の交渉において威嚇値として働いている。よって,実際には当該サンクション規定が使用されないにも拘らず,被規制者の行動に間接的に大きな影響を与えているのである。事実上発動がまれなサンクション規定ではあるが,使われないからといってその法規定が不要である,ということではない。威嚇値は現実には実現しないが,実現しなくとも威嚇値が存在することで,交渉合意結果(改善対策の具体的内容),及び交渉当事者の行動に影響を及ぼしていることが,上での検討より分かる。

(実は,相互依存と利益の相補性がある場合の相互作用という広い意味で交渉を捉えると,第2章で検討したような執行スタイルの選択も,交渉として捉えることができる。法規定が厳格・完全に執行される状態を威嚇値として,行政の被規制者との間で一種の協調的行動が取られている現象が,規制執行過程に見られるといえる。行政は,違反に対しほとんど行政命令を発動せず指導で対応しているが,それでも違反が蔓延しないのは,行政が改善命令を発動できるという権限を有していることが法規定の存在により明確であり,かつ交渉決裂の際には命令が発動される,と被規制者が認識しているからであるということもいえる。)

このように,法の抑止機能は,威嚇値として,行政活動の介在を通じて機能している。しかし,行政活動の介在は,ともすれば法の抑止機能を弱体化,もしくは消滅させる可能性もある。威嚇値としての抑止機能は,現実に実現しなくとも間接的に働いている,と上で述べたが,それはあくまでも威嚇値が存在している,とプレイヤー,特に被規制者に認識されている場合(社会的現実となっている場合[269])である。つまり,サンクションという法の抑止機能が働くためには,行政は交渉が決裂した際には行政命令を発動するということが,被規制者によって信じられていることが必要である。サンクショ

---

[269] 社会的現実(social reality)とは,物理的現実とは異なる現実であり,社会構成員が主観的に作り上げているものである。言いかえれば,人々の意見の一致によってのみ「真実」,もしくは「現実」だと受け止められる事象を指す。

ンによって，ある対象行為を抑止させる場合，当該行為が抑止された際には行政はサンクションを実際に行使する必要がない。「脅し」が成功するなら，実際に「脅し」を実行する必要はないのである。よって，サンクションの用意を見せかけるだけでも抑止に成功し，かつ見せかけであったことが決して露呈しない可能性がある（盛山 2000）。抑止機能が威嚇値として働くには，現実に行政がサンクションを発動できるかどうかは問わない。規制法にサンクション規定が盛り込まれており，被規制者によって，行政はそのサンクション規定を発動すると信じられている限りにおいて，法の抑止機能は行政活動の介在を通じて機能する。この点，行政の利得構造が【図3.6】のように，実はサンクションを加えるインセンティヴが行政にないという利得配置になっている場合でも，法の抑止機能はその力を発揮することができる。しかし，もしこの威嚇値がブラフ（bluff. はったり）であることが露呈してしまうと，威嚇値は消滅し，行政の執行活動の介在によって，法の抑止機能は働かなくなるだろう。

このように，脅しがブラフである場合に，行政活動の介在を通じた抑止機能が働くかどうかは，被規制者の信じやすさに依存している。被規制者が威嚇値の存在を信じていればよいが，信じていなければ法の抑止機能は作用しなくなってしまう。

なお，脅しの信憑性を高める方法としては，以下のことが指摘できるであろう。行政は，自らのインセンティヴを再構成したり，明示したりすることによって，サンクションを実行するインセンティヴを本当に事後的に持つということを，被規制者に信じさせることである。【図3.6】の利得配置の場合，【図3.7】が起こったことを，被規制者に明示するのである。

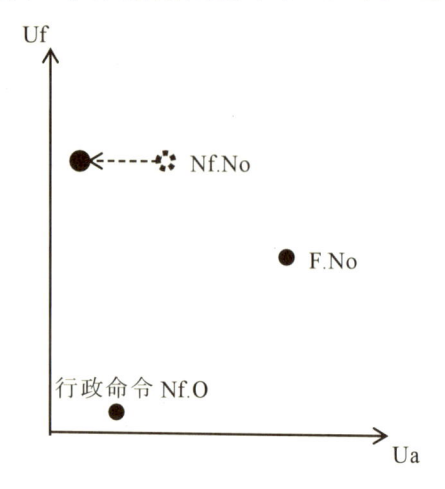

【図 3.7】行政指導は従われるのか（その 2）

```
Uf
│
│
│        ●◄----✦ Nf.No
│
│
│                    ● F.No
│
│   行政命令 Nf.O
│        ●
│
└─────────────────── Ua
```

　シェリングは，自らの評判（面目）に訴えることが，信憑性を最大化することができる最大もしくは唯一の手段だとしている（Schelling 1960: 29; 訳 30）。例えば，行政は，継続的な違反に甘く対応した結果大きな問題を起こすと，住民からの非難は避けられない，という状況に自らの身を置いているとすると，行政は，被規制者に対し大きく譲歩することは不可能になる。ただ，このやり方で脅しの信憑性を高めるには，公開性が必要である。つまり，被規制者の違反事実と違反に対する行政の対応が，観衆たる住民にも知られていなければ，上の仕組みは働かない。実際の水濁法では，排水基準違反・行政指導ともはっきりとは公表されていないので，行政の面目を危険にさらすことで脅しに信憑性を持たせるということが，どの程度可能なのかは疑問である。

　脅しの信憑性を最大化するためには，行政の面目を危険にさらす方法の他にも，脅しの実行を決断する際に，裁量の余地をできるだけ狭めておくことも一つの方法である（ibid.: 40; 訳 42）。違反や，改善に非協力的な態度を取るなど，被規制者の行動が一定の臨界点を超えた場合，行政は，行政命令と

いうサンクションを発動するというコミットメントをしている場合，そのサンクションが発動される引き金を引く臨界点は，できるだけ客観的に明示化され，恣意の入る余地がない方が，脅しの信憑性は高まる。そうでなければ，いざ被規制者の行動が臨界点を超えサンクションを発動させるかどうかの判断を迫られたとしても，行政はサンクションを発動しないだろう，と被規制者に予想されてしまうかもしれない。この点，「排水基準違反を3回連続して起こしたら，改善命令を出す」と公言している自治体があったが，これはまさにサンクション発動をコミットメントしている状況である。ここでのサンクションの引き金を引く臨界点は，「排水基準の3回連続違反」であり，極めて明確である。また，広く被規制者にこのコミットメントを表明しているため，これは先に述べた，行政の面目を危険にさらすコミットメントの要素も持ち合わせている。3回違反したら改善命令，と公言しているということは，いざ3回違反した被規制者には実際に改善命令を発動させないと，行政自らの信頼性が崩壊するため，確実に命令を出すと被規制者は予測するだろう。

以上，規制法の抑止機能が，行政活動の介在によってどのように変容しうるのかを見てきた。抜き打ちの立入検査や，威嚇値としてのサンクション規定によって，行政活動を通じ，抑止機能は作用する。しかしその一方で，毎年同時期の立入検査や威嚇値の存在を被規制者に信じてもらえない場合，抑止機能は弱体化・消滅してしまうことが示された。

3.4 本章のまとめ

本章では，規制法，および行政による規制法の執行活動が，被規制者の状況認知・意思決定に対しどのようなインパクトを与えているのかを考察した。まず，規制法自体がもつ，被規制者への影響を見たあと，水濁法では行政執行活動が大きな位置を占めていることから，法の機能が行政活動の介在によってどのように変容し得るのかを検討した。

規制法自体の持つ機能については，すでに3.2.4で小活したため，ここでは

軽く触れるにとどめる。本章では，規制法の機能として，抑止機能，表出機能，対象行為の意味の変化という三つの機能に分け，その働き方をそれぞれ考察した。「法と経済学」では，抑止機能を中心に取り上げ被規制者の行動をモデル化することが多いが，規制法の機能はそれだけに止まらない。法は情報を与えたり，状況の認知そのものを変化させることもある。また，抑止の方法としても，法規定のフォーマル・サンクションのみならず，インフォーマル・サンクションも働いている。

　行政活動の介在によって，上にあげた三つの機能は，促進・維持されることもあれば，弱体化・消滅する場合もある。特に，行政活動によって抑止機能が受ける影響は甚大であった。規制執行は，行政と被規制者との交渉の過程としても見ることができ，その場合サンクション規定は，威嚇値として作用している。威嚇値が信じられている限りにおいて，それは改善対策の具体的内容や[270]，合意した改善内容をきちんと遂行するかといった，被規制者の行動に影響を及ぼしている。行政自身，サンクションを発動するインセンティヴを持たない場合でも，ブラフとして露呈しない限りにおいて，サンクション規定は威嚇値として働くことができる。しかし，威嚇値として信じられなくなったとき（社会的現実でなくなったとき），サンクション規定は威嚇値として信頼されなくなり，その結果，抑止機能は機能しなくなってしまう。このように，現実には発動が極めてまれなサンクションであるが，威嚇値として，抑止機能を発揮させるかどうかは，行政が，被規制者に威嚇値の存在を信じてもらえるような執行活動を行っているか否か，に大きく依存しているのである。

---

[270] 改善対策の具体的内容は，両者の交渉合意の結果決定されるものであり，被規制者の意向も反映されているという点もまた，行政指導が，多くの場合被規制者によって従われている一つの要因でもあることについても指摘した。

第4章 結語

　序章の問題提起を受け，本書では，水質汚濁防止法に焦点を絞り，「法と経済学」の観点から規制法執行過程を見てきた。第1章では，水濁法の執行について，インタヴュー調査を通じた実態把握に努めた。水濁法には直罰規定があるため，警察と海上保安庁も水濁法執行に携わる機会があるが，警察や海上保安庁による執行活動・違反の検挙数は，非常にわずかであった。実際の水濁法執行はほぼすべて，行政（地方自治体）によって担われている。

　行政による水濁法執行の特徴は，第一に，排水基準違反に対して，「排水基準に適合しない排出水を排出するおそれがあると認めるとき」に命じることができる改善命令を発動することはせず，もっぱら行政指導で対応しているということである。「企業に対し，違反をとがめるのではなく，一緒に問題を解決しよう，というスタンス（自治体職員談）」で接するのである。そして，違反はほぼ行政指導によって是正される。中には指導の効果が疑われる事案もあった。その場合，行政は被規制者を説得し，何度も立入を行い，違反是正を促すが，時には改善命令の発動可能性を示唆することもある。

　行政は，立入検査等を通じて，被規制者と定期的に接触の機会を持つが，その際，「立ち話」や「雑談」を行い，両者はコミュニケーションを取っている。行政の中には，調査目的・書類チェック目的のための立入検査や，セミナーを開いている自治体もあった。立入検査や届出提出，セミナーなどを通じて，行政と被規制者は，定期的に顔を合わせる。また，被規制者は特定施設を用いる企業活動をやめない限り，水濁法の被規制者であり続ける。このように，行政と被規制者の関係は，継続的であり，かつ長期的なものであった。

　第1章では，行政による規制執行活動は，協力的・宥和的な態度を基調と

していることが指摘された。このような特徴は，約18年以上前に行われた先行研究[271]と同様である。つまり，少なくとも15年以上，上記の状態が維持されているのである。

　第2章では，第1章で明らかとなった行政による執行の特徴及び水濁法執行過程が，どのように説明できるのか，ゲーム理論を用いて執行過程をモデル化し，モデルによる分析を行った。大多数の被規制者が規制を遵守し指導に従っていること，また違反に対し行政は命令ではなく行政指導で対応しているという状態が，長年維持されていることは，すなわち，その状態がナッシュ均衡になっているということに他ならない。

　水濁法執行過程は，調整ゲーム，囚人のディレンマゲーム，取り込みゲームとして理解することができる。第2章の前半では，なぜ現状のナッシュ均衡が達成され，維持されているのか，そのメカニズムを見た。調整ゲームの場合，行政と被規制者間でのコミュニケーションやパレート最適性，先例，戦略自体の内容が持つフォーカル性によって，当該均衡がフォーカル・ポイントとなり，実際に出現し，維持されていることが説明できた。囚人のディレンマゲームの場合，継続的関係による互恵性，行政と被規制者間のコミュニケーション，ノイズ状況での寛容さの追加によって，当該均衡の出現と維持が説明された。一方，行政は，行政指導の効果が芳しくない場合にも指導に拘泥し，執行裁量の行使の仕方が不適切な場合についても，行政が被規制者によって取り込まれている場合としてモデルを取り上げた。

　規制執行過程を逐次手番ゲームでモデル化すると，法的サンクションの持つ抑止機能が明確に捉えられた。そこでは，サンクション発動に信憑性があるかどうかという点が最も重要であった。また，行政命令の効果を高く維持するために行政指導を介在させるという説明も，一定の留保が必要ではあるが，可能であることも示された。

　第2章の末尾では，市民が規制法執行過程に参加した場合をモデル化した。水濁法執行において，市民の執行過程参加は，現在はまれであるが，今後増

---

[271] 六本（1991）の調査は1985年秋から1986年春にかけて行われた。北村（1997；第2章）の初出は1991年であり，調査は1990〜1991年にかけて行われた。

加する可能性がある。モデルによって，市民が執行過程に参加するのかどうか，行政と被規制者にとってともに不明の場合，一定の条件の下では，行政と被規制者の 2 者間の執行ゲームよりも，市民がゲームに加わった方が，遵守と行政命令が増加することと，並びにその条件が示された。

　第 2 章のモデル分析結果に基づき，実態調査結果を簡単に振り返ってみよう。規制者たる行政と被規制者たる企業の関係は，長期的であり，かつ継続的である。このことは，まさに執行ゲームは繰り返しプレイされていることを示している。立入検査等で被規制者と接する際，「立ち話」や「雑談」を通じて，行政が協力的姿勢を見せることで，被規制者も行政に好意的な姿勢を見せてくれるという。新設の被規制者の場合，当初被規制者が警戒心を抱いていても，『とっていこうなんて思っていないよ，そんなに厳しくないよ，今は。』などと話をしながら，行政は被規制者の警戒心を取り除く。コミュニケーションの存在によって，行政と被規制者の行動がうまく調整され，お互い協力的姿勢を見せる状態が継続して見られることは，（協力的遵守，協力的法執行）が均衡となり，先例として継続的に維持されていると理解できる。特に，被規制者が，（倫理的な面から，もしくは，環境保護に力を入れているという評判を形成・維持したいという面，もしくは，環境規制に違反することで悪い評判が形成されることを非常に恐れているという面等から）環境規制遵守に積極的である場合は，そもそも規制違反をした場合の被規制者の利得は大きくないため，調整ゲームの構造になりやすいと考えられる。

　さて，短期的には故意に違反をして，遵守にかかるコスト・手間を節約したいと思っている被規制者においても，執行ゲームが繰り返しプレイされている場合で，かつある程度将来の利得を重視している場合は，被規制者は協力的遵守スタイル戦略を取るのであった。協力的遵守スタイルを採用することで，行政も協力的法執行スタイルを選択するため，行政の規制執行が緩やかであり，被規制者の状況を理解しつつ対応してくれ，長期的には望ましくなるからである。行政にとっても，基準違反を故意によるものと仮定し改善命令をすぐに発動すると，短期的には違反是正には効果的であるが，長期的

には，被規制者が規制執行に非協力的になるため，望ましくない[272]。むしろ，行政指導を通じた協力的法執行スタイルを選択し，被規制者の自主的な遵守を引き出す方が長期的には好ましくなる。このように，行政と被規制者がともに協力的なスタイルをとる状況は，行政と被規制者の関係継続期間は長く，行政と被規制者とも，将来のことを重視している，もしくは将来再び同じゲームをプレイすることを認識している点で，繰り返し囚人のディレンマゲームを行っている，と解釈できる[273]。さらに，協力解が実現している上記囚人のディレンマゲームでは，立入検査等を通じて行政と被規制者は面と向かったコミュニケーションを取っており，この点についても，面と向かったコミュニケーションが可能であると，囚人のディレンマ状況において協力行動が生じやすい，という社会心理学からの知見と，適合的である。

　しかし，第一に，数は少ないものの，行政指導を繰り返し行っているにも拘わらず，違反が是正されない事例も存在する。すなわち，効果のない行政指導に拘泥するという，執行裁量の行使が不適切な場合である。第二に，被規制者が，夜間や休日などを狙って違法排水を排出することや，立入検査が行われないだろうという時期に違法排水を排出すること，なども想定できる。このような場合，仮に違反が行政に発見されても，悪質な違反なのか確定できないこともあり，第1章でみた水濁法執行の現状では，行政はまずは行政指導を行い，改善命令を選択しないだろう。上記二つの場合は，取り込み（capture）ゲームが実現していると，解釈できる。

---

[272] 「性悪説を前面に出して企業と対応しても，企業は何も語ってくれない。」「逆に向こうが出してくれるものも，隠されてしまう。」
[273] なお，調整ゲームと囚人のディレンマゲームの，一つの大きな違いは，繰り返しプレイされていた執行ゲームが，残りわずかで終わりそうになっている状況のときに，現れる（エンド・ゲーム）。つまり，被規制者が，他自治体へ移転する，もしくは，操業をやめるため，行政と今後も継続して関係をもつことがなくなる場合が，これにあたる。調整ゲームの場合は，今まで通り（協力的遵守，協力的法執行）の状態が最後まで続くが，囚人のディレンマゲームの場合は，被規制者は裏切りの戦略を選択する。移転もしくは廃業のため，行政との関係期間が残りわずかであることを認識している被規制者は，手間やコストをかけて基準を遵守するのではなく，例えば，管理に手間をかけなくなる，違反をしてそれを故意に隠す，行政指導に従わないなど，機会主義的行動を選択することとなる。

違反が繰り返し行われており，被規制者に改善の意欲が見られず，改善が不十分である場合は，行政は「次は改善命令を出す」と被規制者に伝えることがあるが（第1章），これはまさに，行政は逐次手番ゲームにおいてコミットメントをしていると解釈できる。なお，このコミットメントに，信憑性があるかどうか，すなわち，行政は次回本当に改善命令を出すつもりであるかどうか，が極めて重要であるが，被規制者には不明である。行政によっては，「信憑性のない脅し」の場合[274]もあるが，「信憑性のある脅し」の場合[275]もある。

このように，第2章では，規制執行過程を執行ゲームとして，主に行政と被規制者の間の相互作用性のモデル化を試みた。第2章で示したゲーム状況のうち，どのゲームがプレイされているのか，あるいはどのような均衡が出現するのかは，個々の被規制者，行政の利得構造によるところが大きい。また，規制執行過程を理解するには，行政と被規制者の相互作用性に加え，被規制者が規制法と自己の置かれた状況をどのように認識し，どのように行動するのか，についても目を向ける必要がある。したがって，第3章では規制法によって，被規制者の利得構造がどのように変化するのか，規制法が持つ機能という観点から，被規制者が規制法から受ける影響について考察した。

「法と経済学」では，規制法の機能として，サンクションによる抑止機能が最も頻繁に議論される。規制により禁止された行為を行った場合にはサンクションを課すとすることで，被規制者の利得配置を変化させることができる。さらに，抑止機能は，規制法が定めているフォーマル・サンクションによるものだけではなく，フォーマル・サンクションに伴うインフォーマル・サンクションによっても，作用する。評判の低下・スティグマの付与というインフォーマル・サンクションの作用の仕方を，シグナリング理論の考え方

---

[274] ある自治体職員は言う。「『次は改善命令を出す』，と伝えることもあるが，実際は出さない。」
[275] 違反がなかなか改善されなかった事例を振り返り，ある自治体職員は次のように語った。「違反をそのまま放置するわけにもいかないし，最終的な手段というものを念頭に置きながら，行政指導していた。『行政指導をしてもなかなか動かなければ，改善命令も出さざるを得なくなるよ』と伝えた。」

に基づいて説明した。インフォーマル・サンクションは，自企業の評判を重視する水濁法の被規制者にとっては，大きな抑止効果として働いていると考えられるが，抑止効果の発生には不安定性・偶然性もあることを指摘した。次に，心理学の知見から，確率の認知について，取り上げた。ヒューリスティックやプロスペクト理論を踏まえ，被規制者の，違反が発見されサンクションを受ける主観的な確率は変化に富むものであること，概してその確率を大きく見積もっているであろうことを説明した。最後に，規制法執行過程について海外で行われている実証研究を概観し，被規制者の遵守行動のためには，サンクションによる抑止機能は重要かつ必要であることを示した。

次に，規制法が被規制者の行動に与える影響として，法の表出機能について取り上げた。法は，情報を提供することによっても，被規制者の行動を変化させることができる。法は，被規制者への情報提供によって，他者がどのように行動・評価するかについての各人の予測を変化させること，規制対象行為そのものに対する利得構造を変化させることができるのである。また，近年盛んになっている表出機能に関する経験的研究についてもまとめた。

被規制者が，自らの状況をどのようなゲーム構造として認識しているのかは，極めて重要である。この点は表出機能の議論の箇所で指摘しておいたが，これは法の三つ目の機能である，意味の変化を通じた影響にもつながる。規制法は，禁止行為を創出することで被規制者の状況認知に対しても影響を与えることができる。規制対象行為の意味の変化は，規制法が期待しているような方向へ進むこともあれば，市場交換からの類推より「罰金の料金化」とも言うべき状態が起こり，違反が助長される可能性もある。

第3章の最後では，行政活動の介在によって，第3章前半で見てきた規制法の機能がどのような影響を受け得るかについて，考察した。本書が分析対象としている水濁法執行では，単に規制法が存在しているだけではなく，行政による執行活動が大きな位置を占めているためである。

行政による執行活動の介在によって，上記三つの機能は維持・強化される可能性がある。しかし，特に抑止機能に関しては，行政活動から受ける影響は大きく，かつ行政執行活動の介在によって弱体化・消滅する恐れも指摘し

た。行政と被規制者は交渉を行っているとモデル化し，交渉の合意である指導による違反改善対策の内容は，被規制者にとっても受け入れやすいものであること，サンクション規定は交渉での威嚇値として作用していること，当該威嚇値が交渉合意点（具体的改善対策内容）に影響を与えていること，当該威嚇値がブラフでもそのことが露呈しなければ抑止機能は作用するが，威嚇値として存在していることが被規制者によって信じられなくなったとき，威嚇値は消滅し，抑止効果も消滅することを示した。

　以上が，本書のまとめである。規制法の枠の下で，規制者（地方自治体）はどのように執行活動を行っているのか，被規制者は規制法及び執行活動によってどのような意思決定・状況認識をしているのか，それらが規制者と被規制者の相互作用を通じ，ある一つの状態として，現実に結晶として現れるのである。

　本書では，まず実態把握に努め，そこで確認された水濁法執行過程の実態，行政と被規制者の関係性の構造をみたのち，執行過程をモデル化し，モデルによる分析を加えるとともに，モデル分析結果に基づく，実態調査の解釈も行った。

　本書は，記述的分析を行っており，規制執行はどうあるべきかという規範的分析は行っていない。しかし，事実を分析し，仕組みを説明，理解しようとする試みは，記述的分析にとどまらず，規範的言明の土台としての役割も果たす。よって，多少の規範的なコメントも許容されるであろう。本書の議論に基づき，規制法（水濁法）の遵守を上昇させるためにはどうするべきか，という規範的言明を行うとすれば，以下の三点が指摘できる。

　第一に，当該規制法を，被規制者と被規制者を取り巻く人々に対し，よく知らせ，規制法の存在と内容の周知に努めることである。これは当然のことのように思われるが，第3章の考察により，その重要性が分かる。規制法が知られているということは，その分，規制遵守は「良いタイプ」のシグナルとして働きやすく，評判の低下というインフォーマル・サンクションによる抑止効果が上昇することや，また違反が発見されサンクションが発生する確

率の主観的大きさも増加すること（思いつきやすさのヒューリスティック）のためである。また，法は，規制対象行為自体についての情報や，他者の行動・評価についての情報を提供することができるが，それによる規制遵守発生・促進のためには，そもそも被規制者が当該規制法の存在とその内容を知っていなければならない。このように，規制遵守を促進するためには，規制法の存在と内容を，被規制者を含め多くの人々が意識化していることの重要性が指摘できる。

　第二に，第2章の考察により，規制者たる行政と被規制者の間でのコミュニケーションの果たす役割が重要であることも言える。行政と被規制者間の繰り返しゲームは，調整ゲーム，あるいは囚人のディレンマゲームとしてモデル化できたが，プレイヤー間での対面コミュニケーションがあることにより，効率的な均衡の実現可能性が，飛躍的に上昇することを見た。このことは，どちらのゲーム構造においても当てはまるのであった[276]。立入検査やその他の接触の機会を通じ，行政と被規制者がコミュニケーションを取ることで，被規制者が「協力的法遵守」という戦略を選択することへと大きく導くことができる。しかし，一方で，行政と被規制者間でなれあいが生じてしまうと，「取り込み」の状態が発生してしまう。コミュニケーションの促進は両刃の刃ではあるが，その危険性を意識しつつ行政と被規制者間のコミュニケーションを促進する方が，少なくとも継続的関係にある行政と被規制者関係では，望ましいといえるだろう。

　第三に，行政は，威嚇値としてのサンクション規定を維持し，規制法の持つ抑止機能を弱体化・消滅させないようにすることも忘れてはならない。

　行政と被規制者の間の水濁法執行過程についても，第2章の分析をもとに，規範的視点から振り返ってみよう。
　まず，水濁法執行が，調整ゲーム，もしくは囚人のディレンマゲームである場合，（協力的遵守，協力的法執行）というナッシュ均衡は社会的に望まし

---

[276] しかし，コミュニケーションの果たす役割が，ゲームによって異なることは，すでに指摘した（2.2.1）。

いため，インタヴュー調査によって観察された，両者の協力的関係，および，違反に対する行政指導の多用と素直な是正は，望ましいものであるといえる。一方，水濁法執行が，取り込みゲームである場合，唯一のナッシュ均衡は社会的に望ましくない結果を招来する。しかし，取り込みゲームでは，被規制者は，故意に排水基準に違反する，もしくは行政指導に従わないなど，「裏切り」を選択しており，調査での各地方自治体の報告を信じるならば，そのようなことは極めてまれであった。東京湾を囲む7つすべての水濁法政令市に対するインタヴュー調査，並びに統計資料によれば，そもそも違反は1割前後であり，約9割前後の被規制者は規制を遵守している。また大抵の違反は，一度の行政指導によって改善されるという。よって，水濁法執行過程においては，大規模な取り込みゲームが実現しているとは言えないだろう。

では，インタヴュー調査に対し，行政が虚偽の内容を報告した可能性について考える。水濁法執行が，調整ゲームである場合，裏切る被規制者を非難するインセンティヴが行政にはあり，被規制者の裏切りを隠蔽してやる（インタヴュー調査で隠す）インセンティヴは大きくないだろう。とりわけ，パレート最適なナッシュ均衡が存在している調整ゲームであることに鑑みると，この点は言えるであろう。水濁法執行過程が，繰り返し囚人のディレンマゲームになっている場合も，同様である。したがって，法政策的には，調整ゲームか囚人のディレンマゲームかの区別を確定する必要はなく，現状を承認し，さらに効率的な規制執行を実現するために，先に述べた三点の規範的提言，すなわち，規制法の存在と内容の周知，行政・被規制者間のコミュニケーションの促進，威嚇値としての行政命令の維持，が導かれることとなる。

一方，水濁法執行が，取り込みゲームである場合，唯一のナッシュ均衡は社会的には望ましくないものであり，行政の利得構造からして，この社会的に望ましくない状態が維持されることになる。よって，取り込みゲームが生じている場合，行政が被規制者の裏切りを隠蔽する（調査で隠す）インセンティヴは，調整ゲーム，囚人のディレンマゲームに比べて相対的に大きいといえるだろう。この場合には，インタヴュー調査結果を，額面通り受け取ることはできない。そして，観察できる現象は，調整ゲーム・囚人のディレン

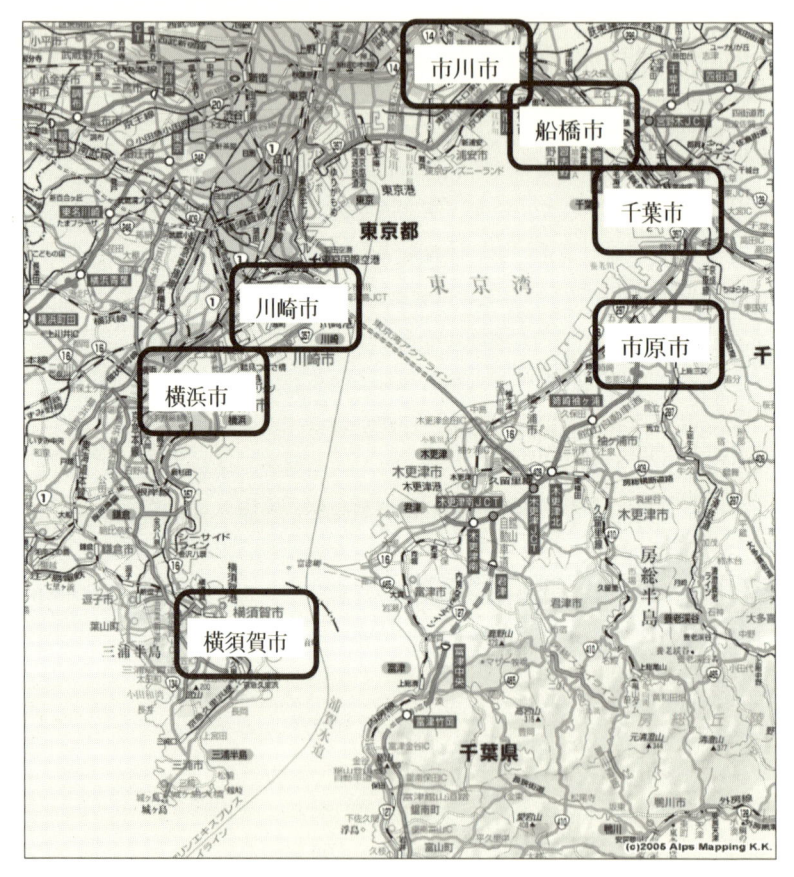

【図 4.1.】 インタヴュー調査対象の自治体

プロアトラス SV より作成。

マグームと，取り込みゲームとで，区別がつかないということになる。

　上記問題に対しては，事実の面から，本当に水濁法執行は取り込みゲームなのか，検証が必要となる。まず，水濁法執行過程が取り込みゲームとなっているならば，当然，東京湾の水質は，単調悪化をしているはずである。【図4.1.】にあるように，調査対象の自治体は東京湾沿岸に位置する，水濁法の全

政令市である。東京湾は閉鎖性水域であるため、海水の入れ替わりが起こりにくく、一度汚濁物質が湾へ流れ込むと、蓄積しやすい。よって、水濁法執行全般において、取り込みゲームが生じているならば、東京湾の水質は、経年変化で、単調悪化を示すはずである。

ここで、東京湾水質の、昭和57年から平成18年までの経年変化を【図4.2.】に示す（東京湾岸自治体環境保全会議）。

【図4.2】東京湾水質の経年変化

COD（全層）の経年変化（湾代表値）

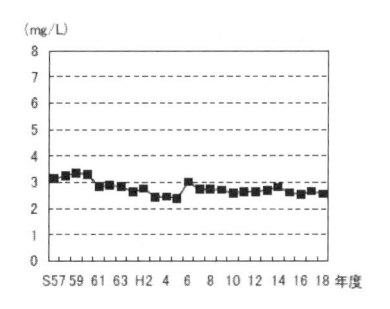

全窒素（全層）の経年変化（湾代表値）　　全りん（全層）の経年変化（湾代表値）

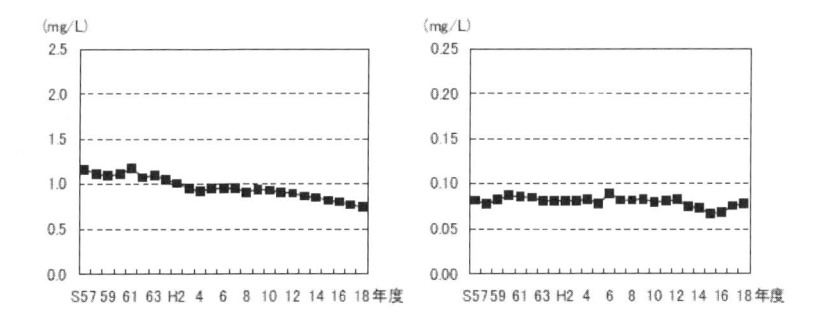

東京湾岸自治体環境保全会議『東京湾水質調査報告書（平成18年度）』より。

上記報告書によれば、CODは中長期的には極めて緩やかに改善傾向を示しており、全窒素は着実な改善傾向を示し、全りんは横ばいで推移している、と報告されている（東京湾岸自治体環境保全会議）[277]。ここから、東京湾水質は、単調悪化しているとは言えないことが分かる。この点は、水濁法の全政令市において、大規模な取り込みゲームが実現・維持されていないことの、間接的論拠になるであろう[278]。もちろん、取り込みゲームが一切起きていないとは言えないが、大部分の執行ゲームが取り込みゲームとなっているということは考えにくい。取り込みゲームが生じているとしても、水濁法執行過程を全体的に見ると少数派にとどまっていると考えられる[279]。実際、かなり

---

[277] 東京湾水質調査報告書では、水質の代表的指標であるCODと、二次汚濁（公共用水域へ流れる排水に含まれる、窒素やりんなどを栄養源とし、光合成によってプランクトンが発生・増殖し、二次的な汚濁を引き起こすこと）の原因物質である全窒素（Total Nitrogen, アンモニア系窒素、硝酸系窒素などの窒素化合物の総和）と、全りん（Total Phosphorous, りん化合物の総和）について、昭和57年度以降の湾代表値の経年変化を記している。全層とは、上層（表層）と下層（原則として海底から1m上）の平均値のことである。詳しくは、東京湾岸自治体環境保全会議（2008）
http://www.tokyowangan.jp/suisitu/pdf/h18hokoku.pdf を参照。

[278] 東京湾の水質汚濁原因は、生活系排水の占める割合が高い。例えば、平成16年度のCOD発生負荷量では、全体のうち、生活系68％、工業系20％、その他系11％となっている（環境省　化学的酸素要求量、窒素含有量及びりん含有量に係る総量削減基本方針に関する参考資料　平成18年11月より）。よって、「工業系排水を主に対象にしている水濁法への推論はできない」、という反論があるかもしれない。しかし、まず第一に、水濁法の規制対象には、首都圏の大部分の生活系排水を処理している下水道終末処理施設（いわゆる下水処理場）も、加わっているため（水質汚濁防止法施行令別表第一　七十三）、一概には言えない。第二に、以下の論理が成り立つ。
下記の（1）（2）はともに成り立つ。
　（1）ひどい生活系排水の排出⇒東京湾水質悪化
　（2）工業系排水の違法排水⇒東京湾水質悪化
上記2つは、「または」の関係があるため、
　（3）ひどい生活系排水の排出　または　工業系排水の違法排水⇒東京湾水質悪化
が成り立つ。
上記（3）の対偶をとり、
　（4）not（東京湾水質悪化）⇒ not（ひどい生活系排水の排出　または　工業系排水の違法排出）
ド・モルガンの法則により、
　（5）not（東京湾水質悪化）⇒ not（ひどい生活系排水の排出）かつ　not（工業系排水の違法排出）
が成り立つこととなる。

[279] 被規制者の、「協力的遵守」を程度化すれば、完全な協力ではないにしても、ある

まれではあるが，改善命令を発動しているケースもあった。

以上から，水濁法執行過程において，大規模な取り込みゲームが実現しているとは考えにくいことを示した。しかし，それでもやはり，実際に大規模な取り込みゲームが，調査対象自治体すべてにおいて生じていた場合，調整ゲーム・囚人のディレンマゲームと，取り込みゲームとは，行政の報告のみからは区別できず，（協力的遵守，協力的法執行）という外見が生じていることとなる。この場合には，2.3.1 で取り上げた，規制執行過程への市民参加を期待する。2.3.1 では，市民参加を通じた，行政に対するモニタリングの有効性を，モデルで示した。取り込みゲームが大規模に生じており，法目的達成のために行政が抑止的法執行を選択することは自己拘束的でなく，行政がもっぱら行政指導に拘泥する場合には，市民参加によって，規制執行が補完される必要がある。

残された課題は多いが，特に以下の二点を挙げる。

第一の課題として，本書は組織内部の意思決定を考察の対象外にしている点がある。規制者，被規制者とも組織体であり，組織内部での意思決定に基づき行動が実施される。よって，実際には，まず組織内部でのゲームがあり，その上で執行ゲームが行われているという入れ子構造になっていると考えられる。本書では，行政と被規制者の組織内部については，すでにゲームが行われ，一定の利得構造がある状態を扱っていたが，規制執行を見るには，行政，被規制者ともに，組織内部での意思決定構造についての理解も，求められる。

第二に，本書には，被規制者に対する実態調査が欠けている。第 3 章で被規制者について取り上げたが，それを検証・補強するためにも，我が国において，被規制者に対する経験的な研究が必要である。海外での実証研究のように，被規制者に対するアンケート調査など，経験的研究は今後取り組むべき課題である。

程度以上の協力がある，といえるだろう。

引用文献

阿部昌樹（2002）『ローカルな法秩序　法と交錯する共同性』勁草書房.
阿部昌樹（1994）「権力と法」棚瀬孝雄（編）『現代法社会学入門』45‐72頁, 法律文化社.
阿部泰隆（1997）『行政の法システム（上）（下）』有斐閣.
アリソン・グレアム（宮里政玄訳）（1977）『決定の本質――キューバミサイル危機の分析――』中央公論社.（Allison, G.T. *Essence of Decision: Explaining the Cuban Missile Crisis.* Little, Brown. 1971.）
Alexander, C. R. (1999) "On the Nature of the Reputational Penalty for Corporate Crime: Evidence," 42 *Journal of Law and Economics*, 489-526.
青木一益（1998）「日米の規制スタイルの相違と規制作用に関する予備論的考察――産業廃棄物規制に関するケース・スタディから得られた知見をてがかりに」『法学政治学論究』38号, 101‐141頁.
アクセルロッド・ロバート（1998）『つきあい方の科学：バクテリアから国際関係まで』ミネルヴァ書房.（Axelrod, R. *The Evolution of Cooperation.* Basic Books. 1984.）
Ayres, I., and Braithwaite, J. (1992) *Responsive Regulation: Transcending the Deregulation Debate.* Oxford University Press.
Bardach, E., and Kagan, R.A. (2006) *Going by the Book: with a new introduction by the authors.* Transaction Publishers.
Becker, G. S. (1996) *Accounting for Tastes.* Harvard University Press.
Becker, G. S. (1968) "Crime and Punishment: An Economic Approach," 76 *Journal of Political Economy*, 169-217.
Bianco, W. T., Ordeshook, P., and Tsebelis, G. (1990) "Crime and Punishment: Are One-Shot, Two-Person Games Enough?" 84 *American Political Science Review*, 569-586.
Blume, A., and Ortmann, A. (2007) "The Effects of Costless Pre-play Communication: Experimental Evidence from Games with Pareto-ranked Equilibria" 132 *Journal of Economic Theory*, 274-290.
Boerlijst, M. C., Nowak, M. A., and Sigmund, K. (1997) "The Logic of Contrition," 185 *Journal of Theoretical Biology*, 281-293.
Bohnet, I., and Cooter, R. D. (2003) "Expressive Law: Framing of Equilibrium Selection?" NO.138 *Working Paper, UC Berkeley School of Law Public Law and Legal Theory.*

引用文献 211

Braithwaite, J., and Makkai, T. (1991) "Testing an Expected Utility Model of Corporate Deterrence," 25 *Law and Society Review*, 7-40.
Braithwaite, V., Murphy, K., and Reinhart, M. (2007) "Taxation Threat, Motivational Postures, and Responsive Regulation," 29 *Law and Policy*, 137-158.
Braithwaite, V. (1995) "Games of Engagement: Postures within the Regulatory Community," 17 *Law and Policy*, 225-255.
Burby, R. J., and Paterson, R. G. (1993) "Improving Compliance with State Environmental Regulations," 12 *Journal of Policy Analysis and Management*, 753-772.
Cohen, M. A. (1998) "Monitoring and Enforcement of Environmental Policy," Working Paper Series. Available at SSRN: http://ssrn.com/abstract=120108 or DOI: 10.2139/ssrn.120108.
Cooper, R. W., DeJong, D. V., Forsythe, R., and Ross, T. W. (1992) "Communication in Coordination Games" 107 *The Quarterly Journal of Economics*, 739-771.
Cooper, R. W., DeJong, D.V., Forsythe, R., and Ross, T. W. (1990) "Selection Criteria in Coordination Games: Some Experimental Results," 80 *The American Economic Review*, 218-233.
Cooter, R. D. (2000) "Do Good Law Make Good Citizens?: An Economic Analysis of Internalized Norms" 86 *Virginia Law Review*, 1577-1601.
Cooter, R. D. (1998) "Expressive Law and Economics," 27 *Journal of Legal Studies*, 585-608.
クーター, ロバート・ユーレン, トーマス (太田勝造訳) (1997)『新版 法と経済学』商事法務. (Cooter, R. D. and Ulen, T. S. *Law and Economics* 2nd ed. Addison-Wesley.)
Cooter, R. D., and Rubinfeld, D. L. (1989) "Economic Analysis of Legal Disputes and Their Resolution," 27 *Journal of Economic Literature*, 1067-1097.
Crawford, V. P., and Haller, H. (1990) "Learning How to Cooperate: Optimal Play in Repeated Coodination Games" 58 *Econometorica*, 571-595.
提中富和 (2007)「自治体職員の法務意識」『ジュリスト』1338号, 150-152頁.
Devetag, G., and Ortmann, A. (2007) "When and Why? A Critical Survey on Coordination Failure in the Laboratory" *Experimental Economics* 10 (3) : 331-344.
Dharmapala, D., and McAdams, R. H. (2003) "The Condorcet Jury Theorem and the Expressive Function of Law: A Theory of Informative Law," 5 *American Law and Economics Review*, 1-31.
ディキシット, アビナッシュ・ネイルバフ, バリー (1991) (菅野隆, 峰津祐一訳)『戦略的思考とは何か: エール大学式「ゲーム理論」の発想法』. TBSブリタニカ. (*Thinking Strategically: The Competitive Edge in Business, Politics and Everyday Life.* W.W. Norton and Company.)
江原勲 (2008)「自治体の目から見た行政不服審査法・行政手続法改正の評価」『ジュリスト』1360号, 11-16頁.
Farrell, J. (1987) "Cheap Talk, Coordination, and Entry," 18 *Rand Journal of Economics*, 34-39.
Friedman, M. (1953) *Essays in Positive Economics*. University of Chicago Press.
藤田友敬 (2008)「ハードローの影のもとでの私的秩序形成」 中山信弘・藤田友敬 (編)

『ソフトローの基礎理論』, 227 - 245 頁. 有斐閣.
藤田友敬 (2002)「サンクションと抑止の法と経済学」『ジュリスト』1228 号, 25 - 38 頁.
Funk, P. (2007) "Is There An Expressive Function of Law? : An Empirical Analysis of Voting Laws with Symbolic Fines," 9 *American Law and Economics Review*, 135-159.
Garoupa, N. (2003) "Behavioral Economic Analysis of Crime: A Critical Review," 15 *European Journal of Law and Economics*, 5-15.
ギボンズ, ロバート (福岡正夫・須田伸一訳) (1995) 『経済学のためのゲーム理論入門』創文社. (*Game Theory for Applied Economists*. Princeton University Press. 1992.)
Gneezy, U., and Rustichini, A. (2000) "A Fine is A Price," 29 *Journal of Legal Studies*, 1-17.
Graetz, M. J., Reinganum, J. F., and Wilde, L. L. (1986) "The Tax Compliance Game: Toward an Interactive Theory of Law Enforcement," 2 *Journal of Law, Economics, and Organization*, 1-32.
Grasmick, H. G., and Bursik, R. J. (1990) "Conscience, Significant Others, and Rational Choice: Extending the Deterrence Model," 24 *Law and Society Review*, 837-861.
Grasmick, H. G., Bursik, R. J., and Kinsey, K. A. (1991) "Shame and Embarrassment as Deterrents to Noncompliance with the Law: The Case of an Antilittering Campain," 23 *Environment and Behavior*, 233-251.
Gray, W. B., and Scholz, J. T. (1993) "Does Regulatory Enforcement Work ?: A Panel Analysis of OSHA Enforcement," 27 *Law and Society Review*, 177-213.
Gunningham, N., Kagan, R. A., and Thornton, D. (2003) *Shades of Green: Business, Regulation, and Environment.* Stanford University Press.
Harel, A., and Klement, A. (2007) "The Economics of Stigma: Why More Detection of Crime May Result in Less Stigmatization," 36 *Journal of Legal Studies*, 355-377.
Harrington, W. (1988) "Enforcement Leverage when Penalties are Restricted," 37 *Journal of Public Economics*, 29-53.
Harsanyi, J. C., and Selten, R. (1988) *A General Theroy of Equilibrium Selection in Games.* MIT Press.
畠山武道・大塚直・北村喜宣 (2007)『環境法入門 ＜第 3 版＞』日本経済新聞出版社.
Hawkins, K. (2002) *Law as Last Resort: Prosecution Decision-Making in a Regulatory Agency.* Oxford University Press.
Hawkins, K. (1984) *Environment and Enforcement: Regulation and the Social Definition of Pollution*," Oxford University Press.
早水輝好 (2006)「大企業による公害規制違反とデータ改ざん問題を考える」 42 『資源環境対策』, 67 - 74 頁.
Helland, E. (1998) "The Enforcement of Pollution Control Laws: Inspections, Violations, and Self-Reporting," 80 *The Review of Economics and Statistics*, 141-153.
Henrich, N., and Henrich, J. (2007) *Why Humans Cooperate: A Cultural and Evolutionary Explanation.* Oxford University Press.

Heyes, A., and Rickman, N. (1999) "Regulatory Dealing: Revisiting the Harrington Paradox," 72 *Journal of Public Economics*, 361-378.
Houser, D., Xiao, E., McCabe, K., and Smith, V. (2008) "When Punishment Fails: Research on Sanctions, Intentions and Non- Cooperation," 62 *Games and Economic Behavior*, 509-532.
Hunter, S., and Waterman, R. W. (1996) *Enforcing the Law: The Case of the Clean Water Acts*. M. E. Sharpe.
飯田高 (2004)『＜法と経済学＞の社会規範論』勁草書房.
伊藤修一郎 (2006)『自治体発の政策革新：景観条例から景観法へ』木鐸社.
Kanan, R. A. (2000) "Introduction: Comparing National Styles of Regulation in Japan and the United States," 22 *Law and Policy*, 225-244.
Kagan, R.A. (1994) "Regulatory Enforcement" In Rosenbloom, D. H. and Schwartz, R. D. (eds.) *Handbook of Regulation and Administrative Law*. 383-422. Marcel Dekker..
Kagan, R. A., Gunningham, N., and Thornton, D. (2003) "Explaining Corporate Environmental Performance: How Does Regulation Matter ?" 37 *Law and Society Review*, 51-90.
Kagan, R. A., and Scholz, J.T. (1984) "The "Criminology of the Corporation" and Regulatory Enforcement Strategies" In Hawkins, K. and Thomas, J.M. (eds.) *Enforcing Regulation*. 67-95. Kluwer Nijhof Publishing.
Kahan, D. M., and Posner, E. A. (1999) "Shaming White- Collar Criminals: A Proposal for Reform of the Federal Sentencing Guidelines," 42 *Journal of Law and Economics*, 365-391.
Kahneman, D., and Tversky, A. (1979) "Prospect Theory: An Analysis of Decision under Risk," 47 *Econometorica*, 263-291.
梶井厚志 (2002)『戦略的思考の技術：ゲーム理論を実践する』中公新書.
神取道宏 (2002)「ゲーム理論と進化ゲームがひらく新地平――多彩な学問分野を通底する新しい分析手法」佐伯胖・亀田達也 (編)『進化ゲームとその展開』2‐27頁，共立出版.
神取道宏 (1994)「ゲーム理論による経済学の静かな革命」岩井克人・伊藤元重 (編)『現代の経済理論』15‐56頁，東京大学出版会.
Kandori, M., Mailath, G. J., and Rob, R. (1993) "Learning, Mutation, and Long Run Equilibria in Games," 61 *Econometrica*, 29-56.
環境庁水質保全局水質管理課・水質規制課 (2000)「水質汚濁防止法の改正」特集水質汚濁防止法制定30周年. 25『かんきょう』, 11‐15頁.
北村喜宣 (2006)「司法警察員と漁業秩序の維持――漁業調整規則の執行における行政・警察・海上保安庁（一）（二）（三）（四）」『自治研究』82巻1号48‐64頁，2号67‐86頁，3号96‐115頁，5号78‐96頁.
Kitamura, Y. (2000) "Regulatory Enforcement in Local Government in Japan" 22 *Law and Policy*, 305-318.
北村喜宣 (1997)『行政執行過程と自治体』日本評論社.
北村喜宣 (1992)『環境管理の制度と実態――アメリカ水環境法の実証分析――』弘

文堂.
Lane, J.E. (2000) *The Public Sector: Concepts, Models and Approaches Third edition.* Sage Publications.
Langbein, L., and Kerwin, C. M. (1985) "Implementation, Negotiation and Compliance in Environmental and Safety Regulation," 47 *The Journal of Politics*, 854- 880.
Lichtenstein, S., Slovic, P., Fischhoff, B., Layman, M., and Combs, B. (1978) "Judged Frequency of Lethal Events," 4 *Journal of Experimental Psychology*, 551- 578.
Luce, R. D., and Raiffa, H. (1957) *Games and Decisions: Introduction and Critical Survey.* Willey and Sons.
May, P. J. (2005) "Regulation and Compliance Motivations: Examining Different Approaches," 65 *Public Administration Review*, 31- 44.
May, P. J. (2004) "Compliance Motivations: Affirmative and Negative Bases," 38 *Law and Soceity Review*, 41- 68.
May, P. J., and Wood, R. S. (2003) "At the Regulatory Front Lines: Inspectors' Enforcement Styles and Regulatory Compliance," 13 *Journal of Public Administration Resarch and Theory*, 117- 139.
McAdams, R. H. (2000a) "A Focal Point Theory of Expressive Law," 86 *Virginia Law Review*, 1649- 1729.
McAdams, R. H. (2000b) "An Attitudinal Theory of Expressive Law," 79 *Oregon Law Review*, 339- 390.
McAdams, R. H., and Nadler, J. (2008) "Coordinating in the Shadow of the Law: Two Contexualized Tests of the Focal Point Theory of Legal Compliance," NO. 406 *John M. Olin Law and Economics Working Paper*.
McAdams, R. H., and Nadler, J. (2005) "Testing the Focal Point Theory of Legal Compliance: The Effect of Third- Party Expression in an Experimental Hawk/ Dove Game," 2 *Journal of Emprical Legal Studies*, 87- 123.
McCaffery, D. P., and Martinez- Moyano, I. J. (2006) " "Then Let's Have a Dialogue": Interdependence and Negotiation in a Cohesive Regulatory System," 17 *Journal of Public Administration Research and Theory*, 307- 334.
Meidinger, E. (1987) "Regulatory Culture: A Theoretical Outline," 9 *Law and Policy*, 355- 386.
Mehta, J., Starmer, C., and Sugden, R. (1994) "The Nature of Salience: An Experimental Investigation of Pure Coordinaiton Games" 84 *American Economic Review*, 658- 673.
宮澤節生 (1994) 『法社会学フィールドノート 法過程のリアリティ』 信山社.
宮澤節生 (1992) 「立法・法執行過程の法社会学:法社会学の対象と視角」 『法律時報』64巻10号, 14 - 22頁.
森田朗 (1988) 『許認可行政と官僚制』 岩波書店.
Morrow, J. D. (1994) *Game Theory for Political Scientists.* Princeton University Press.
Murphy, K. (2004) "The Role of Trust in Nurturing Compliance: A Study of Accused Avoiders" 28 *Law and Human Behavior*, 187- 209.

中川丈久（2000）『行政手続と行政指導』有斐閣.
Nielsen, V. L., and Parker, C. (2008) "To What Extent Do Third Parties Influence Business Compliance?" 35 *Journal of Law and Society*, 309- 340.
西尾勝（2001）『行政学＜新版＞』有斐閣.
Nowak, M., and Sigmund, K. (1993) "A Strategy of Win- Stay, Lose- Shift that Outperforms Tit- for- Tat in the Prisoner's Dilemma Game," 364 *Nature*, 56- 58.
Nowak, M., and Sigmund, K. (1992) "Tit-for-Tat in Heterogeneous Populations," 355 *Nature*, 250- 253.
Nyborg, K., and Telle, K. (2004) "The Role of Warnings in Regulation: Keeping Control with Less Punishment," 88 *Journal of Public Economics*, 2801- 2816.
岡田章（1996）『ゲーム理論』有斐閣.
奥野正寛 編著（2008）『ミクロ経済学』東京大学出版会.
Ogus, A. I. (1994) *Regulation: Legal Form and Economic Theory*. Clarendon Press.
大塚直（2006）『環境法＜第2版＞』有斐閣.
Osborne, M., and Rubinstein, A. (1994) *A Course in Game Theory*. MIT Press.
Ostrom, E. (2000) "Collective Action and the Evolution of Social Norms," 14 *Journal of Economic Perspective*, 137- 158.
Ostrom, E. (1998) "A Behavioral Approach to the Rational Choice Theory of Collective Action" 92 *American Political Science Review*, 1- 22.
Ostrom, E., and Walker, J. (1997) "Neither Markets nor States: Linking Transformation Processes in Collective Action Areas" In Mueller, D. C. (ed.) *Perspectives on Public Choice: A Handbook*. 35-72, Cambridge University Press.
太田勝造（2000）『社会科学の理論とモデル7：法律』東京大学出版会.
太田勝造（1990）『民事紛争解決手続論：交渉・和解・調停・裁判の理論分析』信山社.
Parker, C., and Braithwaite, J. (2003) "Regulation," In *The Oxford Handbook of Legal Studies*. 119- 145. Oxford University Press.
Paternoster, R., and Simpson, S. (1996) "Sanction Threats and Appeals to Morality: Testing a Rational Choice Model of Corporate Crime," 30 *Law and Society Review*, 549- 583.
Polinsky, A. M., and Shavell, S. (2007) "The Theory of Public Enforcemenr of Law," In Polinsky, A. M. and Shavell, S. (eds.) *Handbook of Law and Economics Volume 1*. 403- 454. North- Holland.
Polinsky, A. M., and Shavell, S. (2000) "The Economic Theory of Public Enforcement of Law," 38 *Journal of Economic Literature*, 45- 76.
Posner, E. A. (2000a) *Law and Social Norms*. Harvard University Press.（太田勝造監訳，藤岡大助・飯田高・志賀二郎・山本佳子訳『法と社会規範』木鐸社, 2002.）
Posner, E. A. (2000b) "Law and Social Norms: The Case of Tax Compliance," 86 *Virginia Law Review*, 1781- 1819.
Potoski, M., and Prakash, A. (2004) "The Regulation Dilemma: Cooperation and Conflict in Environmental Governance" 64 *Public Administration Review*, 152- 163.

Poundstone, W. (1992) *Prisoner's Dilemma.* Oxford University Press.
Pressman, J.L., and Wildavsky, A. (1973) : *Implementation Third Edition, Expanded.* University of California Press.
Ramseyer, J.M., and Nakazato, M. (1999) *Japanese Law: An Economic Approach.* The University of Chicago Press.
Rasmusen, E. (2007) *Games and Information: An Introduction to Game Theory 4th edition.* Blackwell Publishing.
Rasmusen, E. (1996) "Stigma and Self- Fulfilling Expectations of Criminality," 39 *Journal of Law and Economics,* 519- 543.
六本佳平 (1991) 「規制過程と法文化——排水規制に関する日英の実態研究を手掛りに——」 内藤謙・松尾浩也・田宮裕・芝原邦爾 (編) 『平野龍一先生古希祝賀論文集 下巻』 25‐55 頁, 有斐閣.
佐伯胖 (1980) 『「きめ方」の論理——社会的決定理論への招待——』 東京大学出版会.
Sally, D. (1995) "Conservation and Cooperation in Social Dilemmas: A Meta- Analysis of Experiments from 1958 to 1992." 7 *Rationality and Society,* 58- 92.
Schelling, T. C. (1978) *Micromotives and Macrobehavior.* Norton.
Schelling, T. C. (1960) *The Strategy of Conflict.* Harvard University Press (河野勝監訳 『紛争の戦略 ゲーム理論のエッセンス』 勁草書房, 2008.)
Scholz, J. T. (1997) "Enforcement Policy and Corporative Misconduct: The Changing Perspective of Deterrence Theory," 60 *Law and Contemporary Problems,* 253- 268.
Scholz, J. T. (1991) "Cooperative Regulatory Enforcement and the Politics of Administrative Effectiveness," 85 *American Political Science Review,* 115- 136.
Scholz, J. T. (1984a) "Cooperation, Deterrence, and The Ecology of Regulatory Enforcement" 18 *Law and Society Review,* 179- 224.
Scholz, J.T. (1984b) "Voluntary Compliance and Regulatory Enforcement" 6 *Law and Policy,* 385- 404.
Scholz, J. T., and Gray, W. B. (1990) "OSHA Enforcement and Workplace Injuries: A Behavioral Approach to Risk Assesment," 3 *Journal of Risk and Uncertainty,* 283- 305.
Scholz, J. T., and Lubell, M. (1998) "Trust and Taxpaying: Testing the Heuristic Aprroach to Collective Action," 42 *American Journal of Political Science,* 398- 417.
Scholz, J. T., and Pinney, N. (1995) "Duty, Fear, and Tax Compliance: The Heuristic Basis of Citizenship Behavior," 39 *American Journal of Political Science,* 490- 512.
盛山和夫 (2000) 『権力』 東京大学出版会.
盛山和夫 (1997) 「合理的選択理論」 井上俊・上野千鶴子・大澤真幸・見田宗介・吉見俊哉 (編) 『現代社会学の理論と方法』 137‐156 頁, 岩波書店.
瀬戸昌之 (2006) 『環境微生物学入門—人間を支えるミクロの生物—』 朝倉書店.
Shavell, S. (2002) "Law versus Morality as Regulators of Conduct," 4 *American Law and Economics Review,* 227- 257.
Shavell, S. (2004) *Foundations of Economic Analysis of Law.* Harvard University Press.
志々目友博 (2007) 「千葉市における公害防止管理体制の確立に向けた行政, 企業等

の取組み」43『資源環境対策』, 29‐34 頁.
Slovic, P., Fischhoff, B., and Lichtenstein, S. (1984) "Facts versus Fears: Understanding Perceived Risk," In Kahneman, D., Slovic, P., and Tversky, A. (eds.) *Judgement under Uncertainty: Heuristics and Biases.* 463-489. Cambridge University Press.
曽我謙悟 (2005)『ゲームとしての官僚制』東京大学出版会.
Sunstein, C. R., ed. (2000) *Behavioral Law and Economics.* Cambridge University Press.
Sunstein, C. R. (1996) "On the Expressive Function of Law," 144 *University of Pennsylvania Law Review,* 2021-2053.
Sunstein, C. R., Schkade, D., and Kahneman, D. (2000) "Do People Want Optimal Deterrence?," 29 *Journal of Legal Studies,* 237-253.
水質法令研究会 (1996)『逐条解説水質汚濁防止法』中央法規出版.
多賀光彦監修・片岡正光・田中俊逸編 (2001)『地球環境サイエンスシリーズ9 微生物と環境保全』三共出版.
Thornton, D., Gunningham, N. A., and Kagan, R. A. (2005) "General Deterrence and Corporate Environmental Behavior," 27 *Law and Society Reivew,* 262-288.
Tsebelis, G. (1989) "The Abuse of Probability in Political Analysis: The Robinson Crusoe Fallacy" 83 *American Political Science Review,* 77-91.
Tsebelis, G. (1990) "Are Sanction Effective ?: A Game-Theoretic Analysis" 34 *Journal of Conflict Resolution,* 3-28.
Tversky, A., and Kahneman, D. (1986) "Rational Choice and the Framing of Decisions," 59 *Journal of Business,* 251-278.
Tversky, A., and Kahneman, D. (1984a) "Judgement under Uncertainty: Heuristics and Biases," In Kahneman, D., Slovic, P. and Tversky, A. (eds.) *Judgement under Uncertainty: Heuristics and Biases.* 3-20. Cambridge University Press.
Tversky, A., and Kahneman, D. (1984b) "Availability: A Heuristic for Judging Frequency and Probalitity," In Kahneman, D., Slovic, P., and Tversky, A. (eds.) *Judgement under Uncertainty: Heuristics and Biases.* 163-178. Cambridge University Press.
Tyler, T. R. (1990) *Why People Obey the Law.* Yale University Press.
Tyran, J.R., and Feld, L. P. (2006) "Achieving Compliance When Legal Sanctions are Non-Deterrent," 108 *Scandinavian Journal of Economics,* 135-156.
宇賀克也 (2008)「行政不服審査法・行政手続法改正の意義と課題」『ジュリスト』1360号.
Van Huyck, J. B., Battalio, R. C., and Beil R. O. (1990) "Tacit Coordination Games, Strategic Uncertainty, and Coordination Failure" 80 *The American Economic Review,* 234-248.
Van Lange, P. A. M., Ouwerkerk, J. W., and Tazelaar, M. A. (2002) "How to Overcome the Detrimental Effects of Noise in Social Interaction: The Benefits of Generosity," 82 *Journal of Personality and Social Psychology,* 768-780.
Wedekind, C., and Milinski, M. (1996) "Human Cooperation in the Simultaneous and the Alternationg Prisoner's Dilemma: Pavlov versus Generous Tit-for-Tat,"

93 *Proceddings of the National Academy of Sciences,* 2686- 2689.
Wenzel, M. (2004) "The Social Side of Sanctions: Personal and Social Norms as Moderators of Deterrence," 28 *Law and Human Behavior,* 547- 567.
Winter, S. C., and May, P. J. (2001) "Motivation for Compliance with Environmental Regulations," 20 *Journal of Policy Analysis and Management,* 675- 698.
Wu, J., and Axelrod, R. (1995) "How to Cope with Noise in the Iterated Prisoner's Dilemma," 39 *Journal of Conflict Resolution,* 183- 189.
山内一夫(1984)『行政指導の理論と実際』ぎょうせい.

あとがき

　本書は、著者が 2008 年 12 月に東京大学大学院法学政治学研究科へ提出した修士論文「環境規制法の執行過程——規制執行の相互作用性と規制法の機能」に、明らかな誤りの訂正と、加筆を施したものである。改稿の過程で、地方自治体へのインタヴュー調査を、再度実施した。よって、もとの論文と比べ第 1 章の記述を厚くし、それに伴い第 4 章にも補充を行った。

　思い返せば、法学部で行政法を学んでいた際、「中央、そして地方自治体など巨大な行政組織は、星の数ほどある法律を一体どのように実施しているのか、法制定後の行政法は、氷山の一角として現れる行政訴訟の他に、その他大部分はどうなっているのか」、という極めて素朴な疑問を抱いたことが、本書の出発点であったように思う。当時はいつのまにか忘れてしまっていたが、修士課程に進学する際、再度この疑問が頭をもたげてきた、という経緯がある。本書はひとつの小論にすぎないが、規制法や、行政法の実効性に関心を抱いている方々に何らかの示唆を与えることができるならば、望外の喜びである。

　地方自治体、環境省、警察、海上保安庁の皆様から、直接お話を伺うことができたことは、論文執筆にとってはもちろんのこと、私自身にとっても大変勉強になった。調査に対応してくださった皆様は、お忙しい中、貴重なお時間を割き、多くのお話をしてくださった。答えにくいような質問をぶつけたことも、少なくなかったと思われる。それにも拘わらず、皆様、快く丁寧にお話してくださった。お名前を申し上げることができないのが残念であるが、お一人、お一人を思い出しつつ、心からのお礼を申し上げる。

本書が成立するにあたり、実に多くの先生方のご支援、ご尽力をいただいた。
　まず、私の指導教授である東京大学法学政治学研究科教授の太田勝造先生に、心からの感謝の気持ちを申し上げたい。太田先生からは、多大な学恩を受け続けているのはもちろんのこと、数多くのご迷惑をおかけしている。何度でも繰り返しお礼を申し上げたい。太田先生の下で研究ができる環境に身を置いていることは、私にとって大変幸せなことである。
　また、中間報告・論文審査等において、東京大学のダニエル・フット先生、佐藤岩夫先生、さらに、明治大学の村山眞維先生、福岡県警察本部長の田村正博先生（当時）、政策研究大学院大学の島田明夫先生、上智大学の北村喜宣先生、東京大学の山本隆司先生、金井利之先生からも、ご指導、ご支援を賜った。この場を借りて深く感謝申し上げる。同時に、筆者は本書に関する報告の機会にも恵まれ、多くの貴重なコメントを頂戴した。日本法社会学会・若手研究者ワークショップ、北海道大学大学院法学研究科GCOEプログラム多元分散型統御を目指す新世代法政策学・法の経済分析研究会、日本法社会学会関東研究支部、法と経済学会、経済産業研究所・安全環境問題規制検討会の諸先生方に、厚くお礼を申し上げる。

　さらに、同じ研究室の皆様、友人、そして、いつも筆者を温かく見守ってくれる両親からの支えなくしては、本書は成立しえなかった。支えてくださった皆様に、感謝の意を表したい。
　最後に、木鐸社の坂口節子氏に、深く感謝申し上げる。坂口氏は親身かつ丁寧な編集作業をしてくださると同時に、絶えず筆者を温かく励ましてくださった。出版を認められたことを含め、心から感謝し、厚く衷心よりのお礼を申し上げる。

2009年9月

　　　　　　　　　　　　　　　　　　　　　　　　　　　平田　彩子

Enforcement Processes of Administrative Law:
Empirical and Economic Analysis on the Dynamics of Environmental Regulation in Japan

Ayako Hirata

Abstract

The essential feature of regulatory enforcement process is the interdependence between regulators and regulatees. My in-depth interviews with local government officials, police agencies, and the Japan Coast Guard, revealed that regulators act cooperatively toward regulatees in the regulatory enforcement process of the Water Pollution Control Act. The "cooperative act" means that local governments often provide administrative guidance in reaction to violations, instead of issuing administrative orders. In return, most of the regulated firms voluntarily rectify the violations in accordance with the administrative guidance, or they even comply with regulation in advance. In short, the regulators and the regulatees interact cooperatively. This type of regulatory dynamics has persisted for long time in Japan, at least eighteen years since the earlier empirical studies were conducted. Such persistence of regulatory practices corresponds to the Nash equilibrium. Three game theoretical models, namely, Coordination Game, Prisoner's Dilemma Game, and Capture Game are developed, in order to model the above well-established enforcement dynamics. The possible impacts of citizen participation on the regulatory processes are also analyzed deploying another game-theoretic model. I also developed models of law's impacts on regulatees, that is, the model of deterrence effect and the model of expressive function of law, by employing theories and findings of social psychology and behavioral economics. The final chapter concludes, by verifying my theoretical conclusions with the longitudinal data on the water quality of Tokyo Bay, and by proposing three policies that would enhance regulatory compliances.

索　引

アルファベット
BATNA (Best Alternative To a Negotiated Agreement)　191

あ行
威嚇値 (threat value)　184, 191
インフォーマルなサンクション　150
——の持つ偶然性・不安定性　154
思いつきやすさのヒューリスティック (availability heuristic)　157-159, 163, 167

か行
海上保安庁　63
改善命令　18-21, 31-34, 38, 52-54, 58, 132, 147, 184, 191
寛容なしっぺ返し戦略 (generous tit-for-tat)　105
機会主義的行動　75-77, 88, 96, 103, 106, 139
規制法執行　9, 11-13
規制法の機能　143, 181
行政指導　13, 31-34, 38, 39, 42, 52-54, 58, 67, 74, 76-78, 96, 98, 109, 110, 112,　115, 118,125, 130, 131-142, 184, 197
共有知識 (common knowledge)　84, 173
協力的遵守　75-80, 83, 96, 97, 103, 110, 112, 199
協力的法執行　75-80, 96, 97, 107, 109-111, 132, 139, 140, 199, 200
繰り返しゲーム (repeated game)　87, 98-101, 112, 143, 152, 204
警察　59
顕在性 (salience)　86, 88, 95, 175
交渉 (negotiation)　184-189, 191, 192, 196
行動経済学 (behavioral economics)　73, 157
互恵性　112, 114, 198
コマンド・アンド・コントロール (command and control)　10, 15, 16
コミュニケーション　39, 55, 92-95, 101-103, 113, 114, 197-200, 204

さ行
裁量　9, 19, 24, 107, 109, 132, 140, 198
サブゲーム完全ナッシュ均衡 (subgame perfect Nash equilibrium)　116
シグナリング理論　151, 163
シグナル　152-156
自治事務　10
しっぺ返し戦略 (tit-for-tat strategy)　99-101, 103-106
市民　28, 109, 131, 138
——の執行過程への参加　131-142

た行
囚人のディレンマ (prisoner's dilemma)　81-83, 96, 103, 107, 110, 112, 113, 198, 200, 204, 205
信憑性のある脅し (credible threat)　115, 117, 201
信憑性のない脅し (incredible threat)　117
水質汚濁防止法　15-17, 20, 24, 29, 41, 42, 57, 59, 67, 74, 76, 84, 94, 96, 98, 102-104, 112, 131, 146, 150, 151, 154, 169, 175, 181-184, 203
水質汚法　→　水質汚濁防止法
スティグマ　→　インフォーマルなサンクション
先例　86-88
相互作用　12, 68, 69, 75

た行
立入検査　20, 25, 39, 55, 57, 95, 102, 111, 113, 166, 182, 183, 197
立ち話・雑談　26, 39, 55, 67, 95, 102, 197
調整ゲーム (coordination game)　80, 84, 110, 172, 177, 198
取り込み　→　取り込みゲーム
取り込みゲーム　106, 198, 205-209

な行
ナッシュ均衡 (Nash equilibrium)　79, 80
ノイズ　103, 112

は行
パレート優位 (Pareto superior)　83, 88
評判の低下　→　インフォーマルなサンクション
フォーカル・ポイント (focal point)　84, 174, 175
ブラフ (bluff)　122, 193, 196, 203
プロスペクト理論 (prospect theory)　157, 160
文書による行政指導　→　行政指導
法の影響下での交渉 (negotiation under the shadow of the law)　191
法の表出機能 (expressive function of law)　146, 168, 175, 202

や行
抑止機能　146, 147, 163, 165, 183, 191, 192, 196, 201-204
抑止的法執行　76, 77, 83, 97, 108

わ行
割引因子 (discount factor)　99, 100
割引率 (discount rate)　100, 113, 152

著者略歴

平田彩子（ひらた　あやこ）
1983年　岡山県生まれ
2007年　東京大学法学部卒業
2009年　東京大学大学院法学政治学研究科総合法政専攻修士課程修了
現　在　東京大学大学院法学政治学研究科助教
専　攻　法社会学

行政法の実施過程：環境規制の動態と理論
Enforcement Processes of Administrative Law:
Empirical and Economic Analysis on the Dynamics of Environmental Regulation in Japan

２００９年１１月１０日　　第一版第一刷印刷発行 Ⓒ

著者との 了解により 検印省略	著者　平田彩子 発行者　坂口節子 発行所　有限会社　木鐸社 印刷　（株）互恵印刷　製本　高地製本所

〒１１２－０００２
東京都文京区小石川5-11-15-302
電話 (03) 3814-4195　ファックス (03) 3814-4196
郵便振替 00100-5-126746　URL http://www.bokutakusha.com/

乱丁・落丁本はお取替え致します

ISBN978-4-8332-2422-2 C3032

辻中豊（筑波大学）責任編集
現代市民社会叢書

各巻　A5判250頁前後　本体3000円＋税

本叢書の特徴：
　21世紀も早や10年を経過し，科学技術「進歩」や社会の「グローバリゼーション」の進行によって，世界が否応なく連動しつつあるのを我々は日々の生活の中で実感している。それに伴って国家と社会・個人およびその関係の在り方も変わりつつあるといえよう。本叢書は主として社会のあり方からこの問題に焦点を当てる。2006年8月から開始された自治会調査を皮切りに，電話帳に掲載された社会団体，全登録NPO，全市町村の4部署と2008年1月までの1年半の間，実態調査は続けられ，合計4万5千件におよぶ膨大な市民社会組織と市区町村に関する事例が収集された。この初めての全国調査は従来の研究の不備を決定的に改善するものである。本叢書はこの貴重なデータを基礎に，海外10カ国余のデータを含め多様な側面を分析し，日本の市民社会を比較の視座において実証的に捉えなおそうとするものである。

（1）辻中豊・ロバート・ペッカネン・山本英弘
現代日本の自治会・町内会：
第一回全国調査にみる自治力・ネットワーク・ガバナンス

2009年10月刊

（2）辻中豊・森裕城編
現代社会集団の政治機能：
利益団体と市民社会

2010年2月刊

（3）辻中豊・伊藤修一郎編
ローカルガバナンス：
自治体と市民社会

2010年3月刊

（4）辻中豊・坂本治也・山本英弘編

2010年5月刊
現代日本のNPO政治

〔以下続刊〕
（5）小嶋華津子・辻中豊・伊藤修一郎
比較住民自治組織